21世纪高等学校计算机专业实用规划教材

ASP.NET MVC
项目开发教程

朱 勇 主编

清华大学出版社
北京

内 容 简 介

本书讲述 5 个项目的开发过程，主要内容包括 ASP.NET MVC 3 编程技术、LINQ、ADO.NET 实体框架、敏捷方法和用户故事、团队合作开发和 TFS 团队服务器的使用。

本书是从理论到实践的一体化教材，知识与技能紧密结合，项目难度适中，既可作为高职院校计算机相关专业的教材，也可作为初学者使用的入门书籍。

本书封面贴有清华大学出版社防伪标签，无标签者不得销售。
版权所有，侵权必究。举报：010-62782989，beiqinquan@tup.tsinghua.edu.cn。

图书在版编目(CIP)数据

ASP.NET MVC 项目开发教程/朱勇主编. —北京：清华大学出版社，2015 (2023.8重印)
(21 世纪高等学校计算机专业实用规划教材)
ISBN 978-7-302-39142-5

Ⅰ. ①A… Ⅱ. ①朱… Ⅲ. ①网页制作工具－程序设计－教材 Ⅳ. ①TP393.092

中国版本图书馆 CIP 数据核字(2015)第 017691 号

责任编辑：黄芝　王冰飞
封面设计：何凤霞
责任校对：时翠兰
责任印制：沈　露

出版发行：清华大学出版社
网　　址：http://www.tup.com.cn，http://www.wqbook.com
地　　址：北京清华大学学研大厦 A 座　　　　　　邮　　编：100084
社 总 机：010-83470000　　　　　　　　　　　　　邮　　购：010-62786544
投稿与读者服务：010-62776969，c-service@tup.tsinghua.edu.cn
质量反馈：010-62772015，zhiliang@tup.tsinghua.edu.cn
课件下载：http://www.tup.com.cn，010-83470236

印 装 者：涿州市般润文化传播有限公司
经　　销：全国新华书店
开　　本：185mm×260mm　　　印　张：14.5　　　字　数：350 千字
版　　次：2015 年 7 月第 1 版　　　　　　　　　　印　次：2023 年 8 月第 9 次印刷
印　　数：6301～6500
定　　价：45.00 元

产品编号：062503-02

出版说明

随着我国改革开放的进一步深化,高等教育也得到了快速发展,各地高校紧密结合地方经济建设发展需要,科学运用市场调节机制,加大了使用信息科学等现代科学技术提升、改造传统学科专业的投入力度,通过教育改革合理调整和配置了教育资源,优化了传统学科专业,积极为地方经济建设输送人才,为我国经济社会的快速、健康和可持续发展以及高等教育自身的改革发展做出了巨大贡献。但是,高等教育质量还需要进一步提高以适应经济社会发展的需要,不少高校的专业设置和结构不尽合理,教师队伍整体素质亟待提高,人才培养模式、教学内容和方法需要进一步转变,学生的实践能力和创新精神亟待加强。

教育部一直十分重视高等教育质量工作。2007年1月,教育部下发了《关于实施高等学校本科教学质量与教学改革工程的意见》,计划实施"高等学校本科教学质量与教学改革工程(简称'质量工程')",通过专业结构调整、课程教材建设、实践教学改革、教学团队建设等多项内容,进一步深化高等学校教学改革,提高人才培养的能力和水平,更好地满足经济社会发展对高素质人才的需要。在贯彻和落实教育部"质量工程"的过程中,各地高校发挥师资力量强、办学经验丰富、教学资源充裕等优势,对其特色专业及特色课程(群)加以规划、整理和总结,更新教学内容、改革课程体系,建设了一大批内容新、体系新、方法新、手段新的特色课程。在此基础上,经教育部相关教学指导委员会专家的指导和建议,清华大学出版社在多个领域精选各高校的特色课程,分别规划出版系列教材,以配合"质量工程"的实施,满足各高校教学质量和教学改革的需要。

本系列教材立足于计算机专业课程领域,以专业基础课为主、专业课为辅,横向满足高校多层次教学的需要。在规划过程中体现了如下一些基本原则和特点。

(1) 反映计算机学科的最新发展,总结近年来计算机专业教学的最新成果。内容先进,充分吸收国外先进成果和理念。

(2) 反映教学需要,促进教学发展。教材要适应多样化的教学需要,正确把握教学内容和课程体系的改革方向,融合先进的教学思想、方法和手段,体现科学性、先进性和系统性,强调对学生实践能力的培养,为学生知识、能力、素质协调发展创造条件。

(3) 实施精品战略,突出重点,保证质量。规划教材把重点放在公共基础课和专业基础课的教材建设上;特别注意选择并安排一部分原来基础比较好的优秀教材或讲义修订再版,逐步形成精品教材;提倡并鼓励编写体现教学质量和教学改革成果的教材。

(4) 主张一纲多本,合理配套。专业基础课和专业课教材配套,同一门课程有针对不同层次、面向不同应用的多本具有各自内容特点的教材。处理好教材统一性与多样化,基本教材与辅助教材、教学参考书,文字教材与软件教材的关系,实现教材系列资源配套。

(5) 依靠专家,择优选用。在制定教材规划时要依靠各课程专家在调查研究本课程教材建设现状的基础上提出规划选题。在落实主编人选时，要引入竞争机制，通过申报、评审确定主题。书稿完成后要认真实行审稿程序，确保出书质量。

　　繁荣教材出版事业，提高教材质量的关键是教师。建立一支高水平教材编写梯队才能保证教材的编写质量和建设力度，希望有志于教材建设的教师能够加入到我们的编写队伍中来。

21世纪高等学校计算机专业实用规划教材

联系人：魏江江　weijj@tup.tsinghua.edu.cn

前　言

ASP.NET MVC 是微软官方提供的以 MVC 模式为基础的 ASP.NET Web 应用程序框架。MVC 模式将应用程序的输入、处理和输出强制性地分离到 3 个相对对立的应用程序组件中。这种分离给复杂应用程序的管理、程序单元的独立开发与测试、团队环境下的分组开发都带来了极大的好处。MVC 模式已成为目前软件企业软件架构的首选技术。

本书体现了理实一体化和项目课程的教学理念，以工作任务为课程设置和内容选择的参照点，以项目为单位组织内容，并以项目活动为主要学习方式。书中的项目和任务的匹配模式结合了循环式和层进式的特点，项目从简单到复杂，每个项目的任务既有重复也有提高，符合学习的认知规律，循序渐进地将 ASP.NET MVC 项目开发的知识逐步引入项目。

本书以工作体系来安排知识和内容，并注重对职业技能的培养。实践先行，学习者可以按照任务实施步骤逐步实践，很快可以看到工作成果，以激发学习者的学习兴趣。完成工作任务后，再对工作过程中涉及的知识与技能进行分析，以完善学习者的知识体系。

本书共 5 个项目。第 1 个项目涉及 ASP.NET MVC 编程基础知识，主要内容包括控制器与视图的创建、ASP.NET MVC 路由机制、Razor 视图引擎和源代码管理。第 2 个项目引入了模型的概念，主要内容包括实体数据模型的创建、第三方组件的引用、LINQ、视图辅助方法等内容。第 3 个项目引入了敏捷方法与用户故事，主要内容包括敏捷方法的概念、用户故事的需求表达、团队开发、发布计划和迭代计划的管理、代码优先实体数据模型的创建、模型绑定与模型验证、授权管理等内容。第 4 个项目使用模型优先方式创建实体模型，主要内容包括基于模型优先的实体模型创建方式和多实体关联情况下的实体增删改查操作。第 5 个项目针对一个相对完整（包含前台与后台）的网站进行分析与开发，进一步加大模型的复杂性，主要内容包括自定义布局页、创建多实体关联实体数据模型、扩展方法、分布视图、MVC 区域等内容。

使用本书时的开发环境如下：

Microsoft Visual Studio 2010

Microsoft Visual Studio 2010 SP1

MVC 3 Framework

Microsoft SQL Server Compact 4.0(runtime+tools)

SQL Server express(optional)

服务器环境：
Microsoft SQL Server 2008 R2
Microsoft Team Foundation Server 2010
Microsoft Team Foundation Server 2010 sp1

本书可用作高职院校计算机相关专业的教材，也可用作 ASP.NET MVC 编程的初学者使用的入门书籍。本书读者需要先行了解网页设计、数据库技术、C♯编程等相关知识。

希望本书能对读者初学 ASP.NET MVC 编程有所帮助，并请读者对不当之处批评指正。

编 者

2015 年 3 月

目 录

项目一　Hello World ··· 1
　　任务一　　ASP.NET MVC 3 项目的创建 ································· 1
　　任务二　　控制器的创建 ·· 9
　　任务三　　Hello 控制器 Index 视图的创建 ······························ 15
　　任务四　　Hello 控制器 Welcome 视图的创建 ························ 23
　　任务五　　源代码管理 ·· 27
　　任务六　　签出与签入 ·· 39
　　习题一 ·· 43

项目二　Northwind ·· 45
　　任务一　　项目创建与资源准备 ··· 45
　　任务二　　实现产品列表的显示 ··· 53
　　任务三　　实现根据名称查询产品 ··· 58
　　任务四　　实现根据分类查询产品 ··· 65
　　任务五　　实现查询结果分页显示 ··· 68
　　任务六　　实现查看产品详情的功能 ·· 72
　　习题二 ·· 75

项目三　图书列表 ··· 77
　　任务一　　需求分析 ·· 77
　　任务二　　迭代计划 ·· 86
　　任务三　　团队项目及模型的创建 ··· 90
　　任务四　　图书查询功能的实现 ··· 98
　　任务五　　实现图书管理功能 ·· 107
　　任务六　　给模型增加验证规则和显示特性 ····································· 119
　　任务七　　管理授权 ··· 128
　　习题三 ··· 133

项目四　员工信息管理系统 ··· 134
　　任务一　　模型创建 ··· 135

  任务二 创建控制器和视图 …………………………………………………… 147
  任务三 完善员工管理功能 …………………………………………………… 149
  任务四 完善部门管理功能 …………………………………………………… 153
  任务五 完善项目管理功能 …………………………………………………… 155
  任务六 完善银行卡管理功能 ………………………………………………… 166
  习题四 ……………………………………………………………………………… 171
项目五 个人博客 …………………………………………………………………… 173
  任务一 需求分析 ………………………………………………………………… 174
  任务二 项目创建与资源准备 ………………………………………………… 177
  任务三 创建实体数据模型 …………………………………………………… 180
  任务四 实现文章列表的显示 ………………………………………………… 183
  任务五 实现文章搜索功能 …………………………………………………… 188
  任务六 实现分类列表的显示 ………………………………………………… 189
  任务七 实现文章点击排行的显示 …………………………………………… 193
  任务八 实现留言查看功能 …………………………………………………… 194
  任务九 实现留言提交的功能 ………………………………………………… 195
  任务十 实现全篇文章的显示 ………………………………………………… 197
  任务十一 实现文章管理 ……………………………………………………… 198
  任务十二 实现分类管理 ……………………………………………………… 210
  任务十三 实现留言管理 ……………………………………………………… 213
  任务十四 实现权限管理 ……………………………………………………… 218
参考文献 ……………………………………………………………………………… 220

项目一　Hello World

【项目解析】

"Hello, World"程序几乎是每一种计算机编程语言教程中最基本、最简单的程序，也通常是初学者所编写的第一个程序，其功能相当简单，主要是实现在程序运行界面上显示"Hello, World"。本项目旨在使初学者能初步掌握 ASP.NET MVC Web 应用程序的创建过程并熟悉程序的基本结构。

任务一　ASP.NET MVC 3 项目的创建

【技能目标】
➢ 学会创建 ASP.NET MVC 3 项目；
➢ 学会编译和运行项目。

【知识目标】
➢ 理解 Web 应用程序的工作原理；
➢ 了解 MVC 应用程序的架构模式；
➢ 理解 ASP.NET MVC 3 应用程序的工作过程；
➢ 理解 ASP.NET MVC 3 路由机制；
➢ 了解 ASP.NET MVC 3 应用程序的目录结构；
➢ 理解 ASP.NET MVC 3 命名约定。

一、任务实施

1. 启动 Visual Studio 2010

启动后的界面如图 1.1 所示。

2. 新建名为 MvcHelloWorld 的 MVC 3 项目

从"文件"菜单中选择"新建项目…"，打开图 1.2 所示的对话框，在左边选择 Visual C#模板类别，在右边选择"ASP.NET MVC 3 Web 应用程序"项目模板，将项目名称改为MvcHelloWorld，项目位置改为"D:\"（也可以保存在其他位置），其他项保持默认，单击"确定"按钮。

如图 1.3 所示，在"新 ASP.NET MVC 3 项目"对话框中，选择"Internet 应用程序"，视图引擎选择 Razor，单击"确定"按钮。

如图 1.4 所示，VS 2010 为开发人员使用默认模板创建了一个 ASP.NET MVC 3 项目，所以在开始任何工作之前已经有了一个可以运行的默认应用程序。这是一个简单的

"Hello World!"项目,是开发应用程序的一个好的开始。

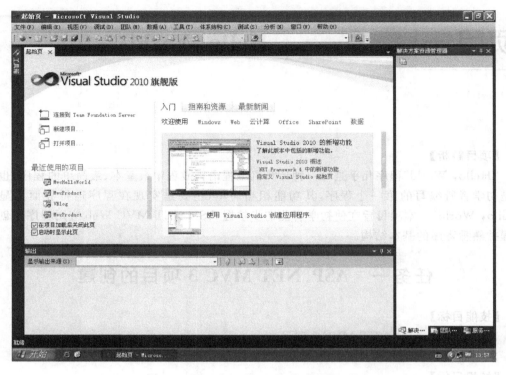

图1.1 Visual Studio 2010 集成开发环境

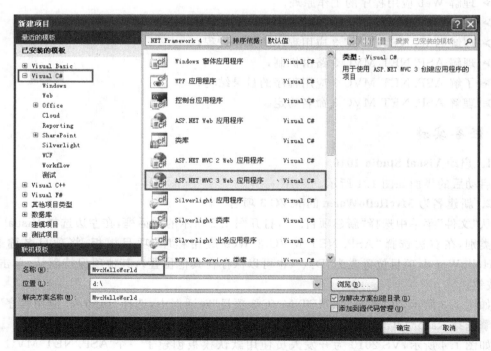

图1.2 新建项目对话框

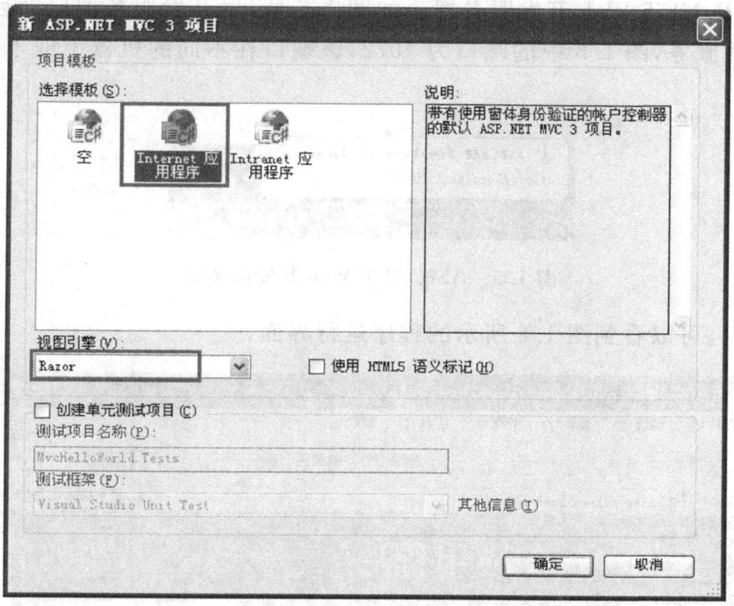

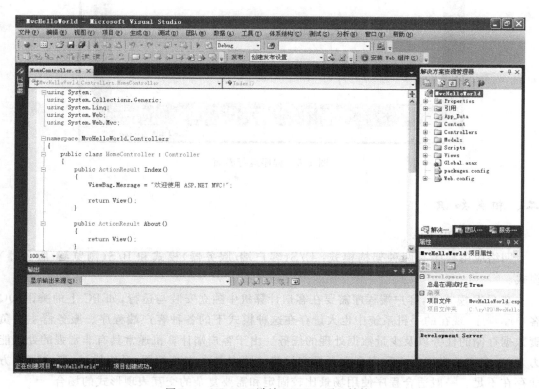

图 1.3 新 MVC 3 项目设置对话框

图 1.4 VS 2010 默认 MVC 3 项目结构

3. 运行 Web 应用程序

从"调试"菜单中,选择"启动调试",或者直接按 F5 键。VS 2010 首先会编译整个项目,

Hello World

并自动启动 ASP.NET Web 开发服务器。如图 1.5 所示,开发服务器启动后,会启用一个端口以提供本地服务,图 1.5 中的端口为 1072,该端口在不同的机器上或下次运行时可能都不一样。

图 1.5　ASP.NET Web 开发服务器

调试运行后,可以看到图 1.6 所示的程序运行界面。

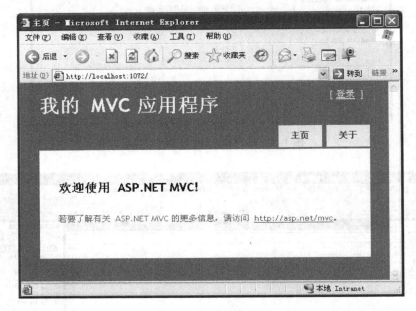

图 1.6　程序运行界面

二、相关知识

1. Web 应用程序

网络应用程序有两种架构模式:C/S(客户端/服务器)模式和 B/S(浏览器/服务器)模式。

在 C/S 模式下,客户端程序需要在客户计算机中独立安装与运行,如 PC 上的腾讯 QQ 客户端程序,现在的手机系统中也大量存在这种模式下的各种客户端程序。服务器主要负责数据存储的任务以及少量数据处理的任务。由于客户端计算机通常具有非常强的处理能力,所以在交互表现形式和安全方面具有优势。缺点是在安装部署、升级维护、版本兼容方面存在不足。一般适合程序使用场景比较固定和需要复杂的交互表现形式的场合。

B/S 模式实际上是一种特殊的 C/S 模式,客户端由浏览器(如:IE 浏览器)来担任,而浏览器是操作系统的标配,一般无须安装。B/S 模式是目前被广泛使用的一种模式,如网页版的 163 邮件系统。在这种模式下,用户通过在浏览器中输入 URL 来访问应用程序,数据处理的大部分工作由服务器完成,服务器将处理结果以 HTML 的形式发送给浏览器,再由浏览器将 HTML 呈现给用户。浏览器的使用给应用程序的访问带来了很大的方便性,用户可以随时随地通过浏览器进行工作和娱乐,比较适合访问地点不固定的用户。由于客户端无需安装特定的应用程序,因此 B/S 模式具有升级维护方便的优势,但由于交互表现形式受到浏览器的限制,不太适合界面复杂的应用程序。

Web 应用程序是一种工作在 B/S 模式下,可以通过浏览器访问的应用程序。浏览器和服务器之间的通信一般借助于 HTTP 协议。

最简单的 Web 应用程序其实就是一些 HTML 文件和其他的一些资源文件组成的集合。Web 站点可以包含多个 Web 应用程序。它们位于 Internet 上的一个服务器中,一个 Web 站点其实就对应着一个网络服务器(Web 服务器)。

Web 应用程序的工作原理如图 1.7 所示。

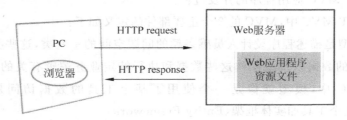

图 1.7　Web 应用程序工作原理

客户端浏览器通常通过 URL 来访问服务器提供的 Web 应用程序资源,如果访问的资源是静态资源(如.jpg 文件、.htm 文件等),服务器直接将资源文件的内容返回给客户端,如果访问的是动态资源(如.aspx 文件、.jsp 文件等),服务器将文件执行的结果返回给客户端。

当通过 URL 请求的服务器资源不存在时,服务器会返回给客户端一个 404 错误状态码,告诉浏览器被请求的资源并不存在。导致这种错误的原因可能是 URL 拼写错误或者被请求的资源文件被移动了位置。

2. MVC 模式

应用程序所做的事情不外乎以下几种:输入、输出、数据处理、数据存储。

MVC 是一种程序架构模式,全名是 Model View Controller,是模型(model)-视图(view)-控制器(controller)的缩写,它强制性地使应用程序的输入、处理和输出分开。MVC 将应用程序分成 3 个核心部件:模型、视图、控制器,它们各自处理自己的任务,其关系如图 1.8 所示。

"视图"是用户看到并与之交互的界面。对 Web 应用程序来说,视图就是由 HTML 元素组成的界面。

"模型"表示企业数据和业务规则。在 MVC 的 3 个部件中,模型拥有最多的处理任务。

"控制器"接收用户的输入并调用模型和视图去完成用户的需求,当单击 Web 页面中的超链接和发送 HTML 表单时,请求首先被控制器捕获。控制器本身不输出任何信息和做任何业务处理。它只是接收请求并决定调用哪个模型部件去处理请求,然后再确定用哪个视图来显示返回的数据。

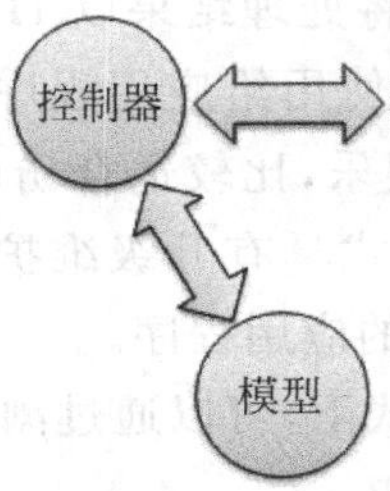

图1.8 MVC关系图

ASP.NET支持3种不同的开发模式：Web Pages(Web 页面)、MVC(Model View Controller,模型-视图-控制器)、Web Forms(Web 窗体)。ASP.NET MVC实现了MVC架构模式,并简化了MVC应用程序的开发过程。

在ASP.NET MVC中,MVC的3个主要部件的定义如下：

◇ 模型：模型是描述程序设计人员感兴趣的问题空间的一些类,这些类通常封装存储数据库中的数据以及跟操作这些数据和执行特定业务逻辑有关的代码。在ASP.NET MVC中,模型就像是一个使用了某个工具的数据访问层(Data Access Layer),这个工具如实体框架(Entity Framework)。

◇ 视图：一个动态生成 HTML 页面的模板。

◇ 控制器：一个协调视图和模型之间关系的特殊类。它响应用户输入,与模型进行交互,并决定呈现哪个视图。在ASP.NET MVC中,这个类文件的名称通常以Controller结尾。

3. URL 路由

在传统 Web 应用程序中(如 ASPX、JSP、PHP 等),URL 表示一个磁盘上的文件。例如,当看到"http://www.yzpc.edu.cn/jwc/index.aspx"这个 URL 时,可以很确定地说在Web 站点上肯定有一个 jwc 目录,在 jwc 目录下一定有一个文件名为 index.aspx 的文件。在这种情况下,URL 与磁盘文件存在着一种对应关系。如果指定的 URL 所对应的文件在服务器磁盘上不存在,浏览器会收到服务器返回的 404 错误。

在 ASP.NET MVC Web 应用程序中,URL 被映射为对一个类的方法调用,而不是服务器磁盘文件。被映射的类称为控制器(Controller)类,被调用的方法称为操作(Action)方法。每一个 ASP.NET MVC Web 应用程序至少需要一个路由来说明 URL 如何映射到Controller 类及 Action 方法。一个 ASP.NET MVC Web 应用程序中可以有多个路由,这些路由存储在路由集(RouteCollection)中,它们共同决定了请求 URL 如何映射到一个资源。

创建 MVC 项目后,在 Global.asax.cs 文件的 Application_Start 方法中通过调用RegisterRoutes 方法定义了一个默认路由并将其加入到路由集中,部分代码如代码清单1.1所示。

代码清单1.1

```
20    public static void RegisterRoutes(RouteCollection routes)
21    {
22        routes.IgnoreRoute("{resource}.axd/{*pathInfo}");
23
24        routes.MapRoute(
25            "Default", // 路由名称
26            "{controller}/{action}/{id}", // 带有参数的 URL
27            new { controller = "Home", action = "Index",
28                id = UrlParameter.Optional } // 参数默认值
29        );
30    }
31
```

第26行代码中的"{controller}/{action}/{id}"是URL模式。这是一种模式匹配规则,用来决定该路由是否适用于传入的URL请求。针对本例,URL模式被"/"分割成3段,每个段都包含了一个由一对花括号定义的URL参数,因此,示例中定义的规则可以匹配任何带有3个段的URL。当该路由与带有3个段的URL匹配时,URL第1个段中的文本对应于{controller}参数,同理,第2个段的文本对应于{action}参数,第3个段的文本对应于{id}参数。

URL参数可以命名为任何想要的参数,但是为了保证程序能正确的运行,ASP.NET MVC框架要求参数中必须包含{controller}和{action}参数。

第27~28行代码中的"new { controller = "Home", action = "Index", id = UrlParameter.Optional }"定义了路由默认值,它与URL模式共同决定了如何匹配URL请求。前面的URL模式决定了本例中的路由只能匹配含有3个段的请求URL,而在图1.6的运行界面中发现URL为"http://localhost:xxxx/",去除协议、主机地址和端口后,这个URL不包含任何段,但程序为什么依旧可以正常运行呢?这与路由默认值有关。本例中的路由默认值定义了在请求URL中不包含任何段的情况下的默认取值,也就是说这些段在缺失时各用什么默认值来取代。在本例中,当{controller}参数段缺省时的取值为Home,当{action}参数段缺省时的取值为Index,{id}参数段可有可无。表1.1说明在定义了该路由默认值的情况下的几种可能的匹配情况。注意,缺省的顺序只能是从右向左缺省。

表1.1 URL模式匹配举例

URL模式	传入URL	匹配值
{controller}/{action}/{id}	/	controller=HomeController action=Index id=null
	/Hello	controller=HelloController action=Index id=null
	/Hello/Welcome	controller=HelloController action=Welcome id=null
	/Hello/Welcome/tom	controller=HelloController action=Welcome id=tom

根据 ASP.NET MVC Web 应用程序的运行特点,每一个 URL 请求必须要能够解析出相应的{controller}和{action}。{controller}参数的值用来实例化一个 Controller 类来处理请求,根据约定,MVC 系统会通过在{controller}参数值的后面添加一个 Controller 后缀的方式来确定控制器类的名称,并试图在程序中寻找以该名称为类名的控制器类。例如,如果请求的 URL 是"http://localhost:xxxx/Home/Index",那么 MVC 会试图寻找一个名为 HomeController 的类,如果找不到,服务器会返回 404 错误。

> **注意**
>
> 这里需要注意的是,在 URL"http://localhost:xxxx/Home/Index"中 xxxx 是服务端口号。由于 ASP.NET 的本地开启服务器时每次启用的端口号可能不同,在实际运行时是一个 4 位数字的随机端口号,如 1072。这个端口号在不同的机器上有可能不一样。在下文中统一使用 xxxx 来表示端口号。

{action}参数的值用来决定调用控制器类的哪个操作方法,以 URL"http://localhost:xxxx/Home/Index"为例,MVC 系统会调用 HomeController 类的 Index 操作方法,如果该类或方法不存在,服务器也会返回 404 错误。

根据 ASP.NET MVC Web 应用程序中 URL 路由的规则,图 1.6 中的 URL"http://localhost:1072/"应该等同于 URL"http://localhost:1072/Home/Index",其映射过程如图 1.9 所示。

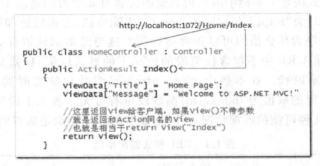

图 1.9 URL 映射过程

4. ASP.NET MVC 应用程序结构

如图 1.10 所示,当用 VS 2010 创建一个新的 ASP.NET MVC 3 应用程序项目时,VS 2010 会自动向项目中添加一些目录和文件。

默认的 ASP.NET MVC 项目有 6 个顶层目录,如表 1.2 所示。

- ◇ /Controllers 目录,展开该目录,将会发现 Visual Studio 默认向该项目中添加了两个 Controller 类:HomeController 和 AccountController 类。
- ◇ /Views 目录,展开该目录,将会发现 3 个子目录(Home、Account 和 Shared)以及一些模板文件。
- ◇ /Content 和/Scripts 目录,展开这两个目录,将会发现一个 Site.css 文件和 JavaScript 库文件。这些文件属于站点的静态资源。

图 1.10　MVC 应用程序默认结构

表 1.2　MVC 项目默认顶层目录

目录	说　　明
/Controllers	该目录中存放处理 URL 请求的控制器类
/Models	该目录中存放处理业务逻辑和数据的类
/Views	该目录中存放视图模板文件
/Scripts	该目录中存放 JavaScript 文件
/Content	该目录中存放 css 和图片文件以及其他静态资源
/App_Date	该目录中存放数据库文件

5. 命名约定

ASP.NET MVC 3 在很大程度上依赖于约定，这可以大大减少开发者花在程序配置方面的时间。ASP.NET MVC 3 使用了如下约定。

◇ 每个控制器类的名称都以 Controller 结尾。例如，HelloController、HomeController 等。这些控制器类都放在 Controllers 目录中。

◇ 应用程序中的所有视图模板文件都放在 Views 目录中。

◇ 控制器所使用的视图模板文件都放在 Views 目录下的以控制器命名的目录中。例如，HomeController 控制器使用的视图默认在/Views/Home 目录中。

◇ 所有共享视图文件放在/Views/Shared 目录中。

任务二　控制器的创建

【技能目标】

➢ 学会创建控制器；
➢ 学会编写操作方法；
➢ 学会使用 URL 给控制器传递数据的方法。

【知识目标】
➢ 理解控制器的概念及其在 MVC 架构中的角色；
➢ 理解操作方法的概念；
➢ 理解操作参数的作用。

一、任务实施

1. 新建控制器

如图 1.11 所示，在"解决方案资源管理器"窗口中的 Controllers 文件夹上右击，然后依次选择"添加→控制器(T)"菜单项。

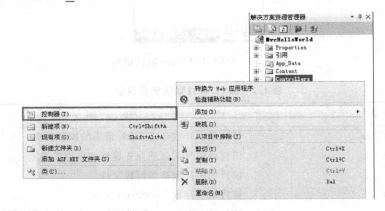

图 1.11　新建控制器操作界面

> **注意**
>
> 在调试运行时无法对项目进行修改，所以在修改项目中任何文件之前先要停止调试。

如图 1.12 所示，在"添加控制器"对话框中，将控制器名称改为 HelloController，模板选择"空控制器"，单击"添加"按钮。

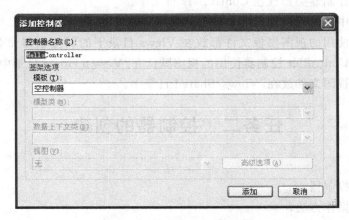

图 1.12　"添加控制器"对话框

如图 1.13 所示,在"解决方案资源管理器"中,可以看到 VS 2010 已经创建了一个新文件,文件名为"HelloController.cs"。该文件已在 IDE(集成开发环境)中自动打开。

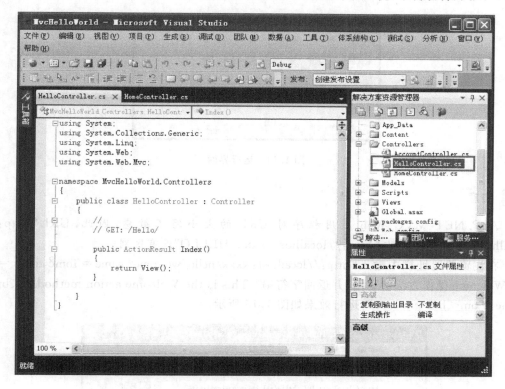

图 1.13 新建控制器结果窗口

2. 修改控制器代码

将 HelloController.cs 文件的代码修改为代码清单 1.2 所示的代码。

代码清单 1.2

```
4    using System.Web;
5    using System.Web.Mvc;
6
7    namespace MvcHelloWorld.Controllers
8    {
9        public class HelloController : Controller
10       {
11           //
12           // GET: /Hello/
13
14           public string Index()
15           {
16               return "This is my <b>default</b> action...";
17           }
18
19           public string Welcome(string name, int times=1)
20           {
21               string result = "";
22               result += "This is the Welcome action method...<br>";
23               result += "name:" + name+"<br>";
24               result += "times:" + times;
25               return result;
26           }
27
28       }
29   }
```

重新调试运行该应用程序(按 F5 键)，在浏览器中，浏览至"http://localhost:xxxx/Hello"，运行效果如图 1.14 所示。

图 1.14　运行界面

注意

ASP.NET MVC Web 应用程序对 URL 的大小写不敏感，因此，URL"http://localhost:xxxx/hello"与"http://localhost:xxxx/HELLO"没有区别。

在浏览器地址栏中输入"http://localhost:xxxx/hello/welcome?name=Tom&times=3"时，Welcome 操作方法被调用，并返回字符串" This is the Welcome action method...
name:Tom
times:3"，运行效果如图 1.15 所示。

图 1.15　运行界面

二、相关知识

1. 控制器与操作方法

MVC 模式中的控制器(Controller)主要负责响应浏览器的 HTTP 请求，在必要的时候会调用模型(Model)来获取数据或者修改数据。控制器关注的是应用程序的控制流、输入数据的处理以及为相关视图(View)的输出提供数据，其工作过程如图 1.16 所示。控制器就像一位导游，接受游客的游览请求，导游会安排所有游览行程并将不同的景色展现在游客面前。

在 ASP.NET MVC 框架中，URL 请求会被映射到相应的控制器类，这些类的名称统一以 Controller 结尾。在新建的 ASP.NET MVC 3 项目中，已经包含了以下两个控制器：

(1) HomeController：负责响应对站点根目录的请求。

(2) AccountController：负责账户相关的请求，如登录和注册账户。

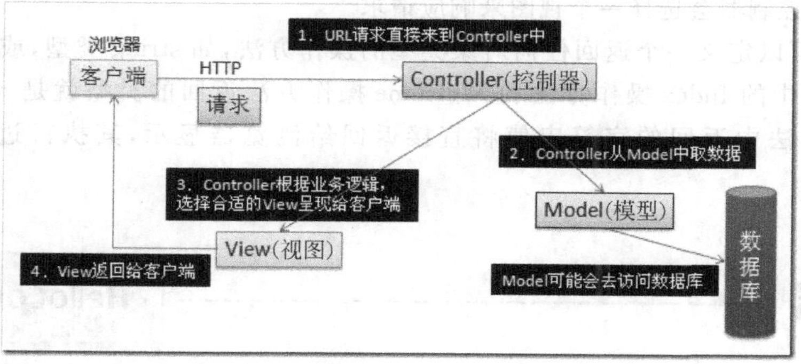

图1.16 ASP.NET MVC 工作过程

以上两个控制器已经包含在 Controllers 目录中。其中，HomeController 是一个继承自 Controller 基类的简单类，其代码如代码清单1.3所示。

代码清单1.3

```
 4  using System.Web;
 5  using System.Web.Mvc;
 6
 7  namespace MvcHelloWorld.Controllers
 8  {
 9      public class HomeController : Controller
10      {
11          public ActionResult Index()
12          {
13              ViewBag.Message = "欢迎使用 ASP.NET MVC!";
14
15              return View();
16          }
17
18          public ActionResult About()
19          {
20              return View();
21          }
22      }
23  }
```

以上代码中的 Index 和 About 方法称为操作方法（action methods），控制器可以根据需要定义任意数量的操作方法。操作方法的调用是由用户的交互行为触发的，这种交互行为可能是用户在浏览器地址栏中输入 URL，或者是单击一个网页链接，或者是用户提交了一个表单。任何一种行为都会导致浏览器向服务器发送一个 URL 请求，而在请求 URL 中必须包含能够让 ASP.NET MVC 路由系统解析出来的控制器和操作方法。

假设用户在浏览器地址栏中输入了"http://localhost:xxxx/home/about"，MVC 路由系统会根据路由规则调用 HomeController 控制器的 About 操作方法来响应用户请求，About 方法通过调用 View() 方法将视图返回给浏览器。反过来，如果要访问 HelloController 控制器的 Welcome 操作方法，则需要在浏览器的地址栏中输入"http://localhost:xxxx/hello/welcome"。

2. 操作方法的返回类型

如代码清单1.3所示，Index 和 About 操作方法的返回类型是 ActionResult 类型，ActionResult 类是所有操作结果类型的基类。请注意在操作方法的最后通过调用控制器的 View() 方法返回了一个 ViewResult 类型，ViewResult 是 ActionResult 类型的子类型，正如

图 1.16 所示，控制器会选择一个视图来响应请求。

实际上，可以定义一个返回任何对象类型的操作方法，如 string 类型，或 integer 类型。代码清单 1.2 中的 Index 操作方法和 Welcome 操作方法返回的类型就是 string 类型，这意味着操作方法中返回的字符串值将直接返回给浏览器显示，其执行过程如图 1.17 所示。

图 1.17　控制器响应过程

3. 操作参数

操作方中的形式参数称为操作参数。默认情况下，操作参数的值会自动从请求数据中获取，这些数据包括表单数据、查询字符串数据和 cookie 数据。如果一个操作方法带有操作参数，MVC 框架会查看所有请求数据，如果能找到与操作参数同名的数据值，就将这个值直接传递给操作参数。相反，如果没有找到与操作参数同名的数据值，操作参数将取值为 null。在代码清单 1.2 中，Welcome 操作方法具有如下签名：

public string Welcome(string name, int times = 1);

当请求的 URL 为"http://localhost:xxxx/hello/welcome?name=Tom&times=3"时，查询字符串"?name=Tom&times=3"中的 Tom 会以字符串的形式传递给 name 操作参数，3 会以整数形式传递给 times 操作参数，其传递过程如图 1.18 所示。

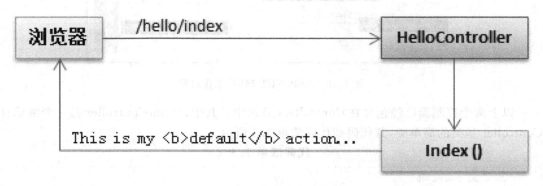

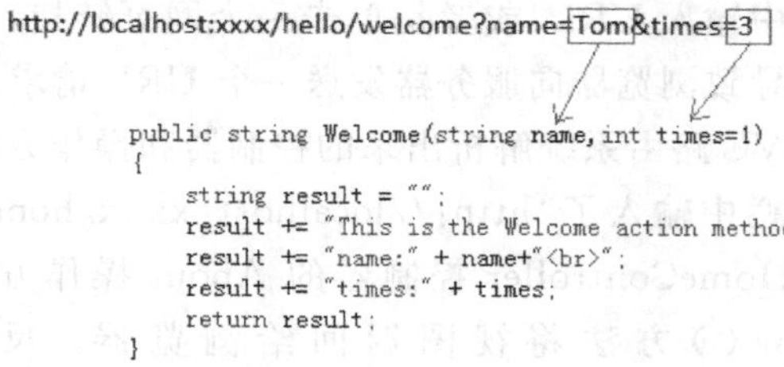

图 1.18　操作参数传递过程

值得注意的是，times 操作参数设置了默认值，这意味着当 MVC 框架没有在请求数据中找到与 times 同名的数据值时，操作参数 times 的值将赋值为 1。如果在浏览器地址栏中输入"http://localhost:xxxx/hello/welcome"，将会得到图 1.19 所示的运行效果。

从运行效果可以看出，在没有通过 URL 传递任何数据值的情况下，操作参数 name 的

图 1.19 运行效果

取值为 null,times 的取值为 1。

任务三　Hello 控制器 Index 视图的创建

【技能目标】
- 学会创建和编辑视图;
- 能读懂布局页的内容并根据需要做适当的修改;
- 学会在视图和布局页之间传递数据。

【知识目标】
- 理解视图的概念及其在 MVC 架构中的角色;
- 理解控制器选择视图的原理;
- 理解视图引擎的概念;
- 理解布局页的概念。

一、任务实施

1. 添加 Index 视图

这里先给 HelloController 控制器类的 Index 操作方法使用视图模板,修改 Index 操作方法的代码如代码清单 1.4 所示。注意,代码清单 1.4 和代码清单 1.2 中 Index 方法的返回类型的区别。

代码清单 1.4

```
11      public ActionResult Index()
12      {
13          return View();
14      }
```

代码分析

HelloController 控制器的 Index 操作方法没有做其他工作,它只是执行 return View()语句,该语句指定使用一个视图模板文件来呈现对浏览器的响应。ASP.NET MVC 3 中引入了一种新的 Razor 视图引擎来创建视图模板,基于 Razor 视图引擎的模板文件的扩展名为 cshtml。因为没有明确指定要使用的视图模板文件的名称,ASP.NET MVC 根据约定会默认使用与操作方法同名的视图模板文件，本例中为~\Views\Hello 文件夹中的 Index.cshtml 视图模板文件。

如图 1.20 所示，在 Index 方法上右击，选择"添加视图(D)…"菜单项。

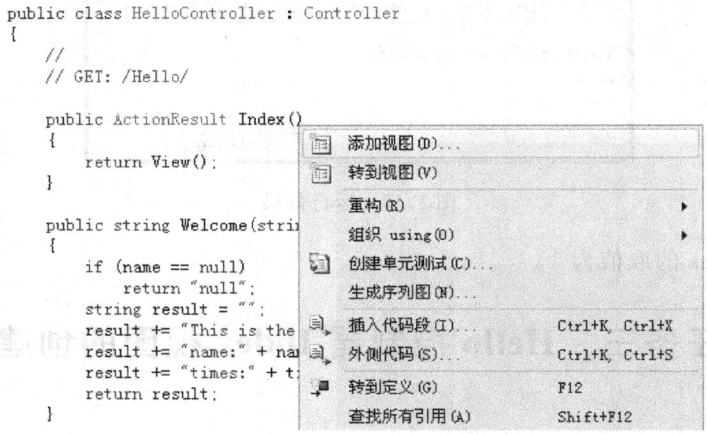

图 1.20　新建视图操作界面

如图 1.21 所示，在"添加视图"对话框中保留默认值并单击"添加"按钮。

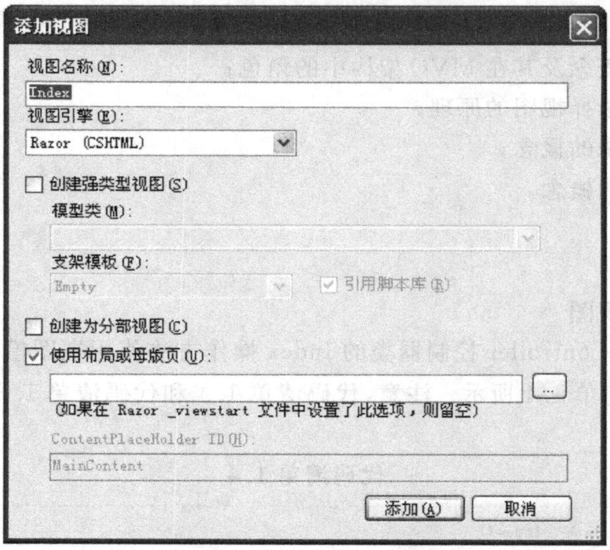

图 1.21　"添加视图"对话框

如图 1.22 所示，新建视图成功后，在"解决方案资源管理器"中可以找到新建的视图模板文件 Index.cshtml，它在"~/Views/Hello"文件夹下。这里的～符号表示项目的根目录。

2. 修改/Views/Hello/Index.cshtml 视图模板文件

将视图模板文件 Index.cshtml 的内容修改为代码清单 1.5 所示的代码。

图1.22 视图文件结构

代码清单 1.5

```
1  @{
2      ViewBag.Title = "Hello World";
3  }
4
5  <h2>Hello World! 我的第一个ASP.NET MVC应用程序。</h2>
6
7  <p>This is my <b>default</b> action...</p>
```

代码分析

第2行的代码通过ViewBag对象的Title属性将字符串"Hello World"传递给布局页，由布局页将字符串输出在网页的标题位置。

重新调试运行该应用程序，在地址栏中输入"http://localhost:xxxx/Hello"，运行效果如图1.23所示。

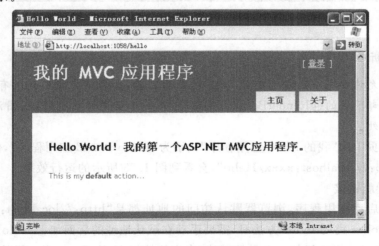

图1.23 运行界面

3. 修改布局页面

首先，要更改的是页面顶部的"我的 MVC 应用程序"标题。这个标题在每个页面都可以看到，实际上这段文字只出现在项目中的一个文件中，那就是布局页面。如图 1.24 所示，它在"~/Views/Shared"目录中，文件名为 _Layout.cshtml，它是其他页面共享的"壳"。

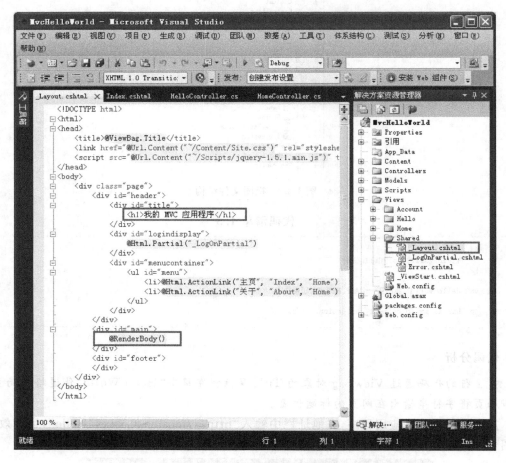

图 1.24 布局页面

知识解析

布局页面允许在一个地方指定 HTML 的布局容器，然后将其应用到所有视图。注意，该布局页面底部附近的@RenderBody()代码，它是一个视图的占位符，视图渲染的结果将插入到该代码处。

更改布局页中的"我的 MVC 应用程序"文字为"Hello World 应用程序"，保存后重新运行并浏览"http://localhost:xxxx/Hello"，会看到图 1.25 所示的运行效果。

4. 添加导航链接

每次重新启动应用程序，浏览器默认访问的地址都是"http://localhost:xxxx/"，想访问 HelloController 类的 Index 方法时，需要手动在默认地址的后面加上 hello。

现在，在布局页面中增加一个导航链接，来方便访问 HelloController 类的 Index 方法。

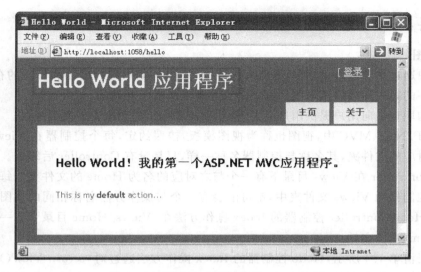

图 1.25 运行界面

在"~/Views/Shared/_Layout.cshtml"文件中,增加一行代码(第 21 行),局部代码如代码清单 1.6 所示。

代码清单 1.6

```
17      <div id="menucontainer">
18          <ul id="menu">
19              <li>@Html.ActionLink("主页", "Index", "Home")</li>
20              <li>@Html.ActionLink("关于", "About", "Home")</li>
21              <li>@Html.ActionLink("欢迎", "Index", "Hello")</li>
22          </ul>
23      </div>
```

重新运行应用程序,运行效果如图 1.26 所示,注意,图中导航链接的变化,现在可以用鼠标单击"欢迎"链接来访问 HelloController 类的 Index 方法。

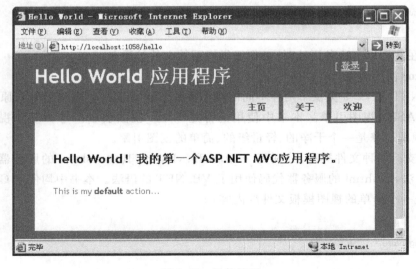

图 1.26 运行界面

二、相关知识

1. 视图

当用户通过浏览器来访问 Web 应用程序时,用户感觉不到控制器和模型的存在,用户对应用程序的第一印象以及与应用程序的交互都是从视图开始的。

视图的职责是向用户提供用户界面,视图所需要输出的数据由控制器提供。

在 ASP.NET MVC 中,视图也称为视图模板,按照约定,每个控制器在 Views 目录下都有一个对应的文件夹,其名称与控制器名称一样,只是没有 Controller 后缀名。所以控制器 HomeController 在 Views 目录下有一个与之对应的名为 Home 的文件夹。每一个操作方法在其控制器的 Views 文件夹中,都可能会有一个与操作方法名称相同的视图文件与之对应。如 HomeController 控制器的 Index 操作方法在/Views/Home 目录下有一个对应的 Index.cshtml 视图文件。

如代码清单 1.4 所示,Hello 控制器的 Index 操作方法通过对"return View();"语句的调用来选择一个输出视图,根据约定,当没有明确指定视图名称时,系统会使用与操作方法同名的视图文件,即 Views/Hello/Index.cshtml。如果想让 Index 操作方法选择一个不同的视图,可以像下面的代码一样,给 View()方法提供一个不同的视图名称。

```
public ActionResult Index()
{
    return View("NotIndex");
}
```

以上代码中的操作方法仍然会在/Views/Hello 目录中查找视图,但选择的是 NotIndex.cshtml 作为视图。在某些情况下,甚至需要指定一个完全不同的目录结构中的视图,这时可以像下面的代码一样,使用带有~符号的语法提供视图的完整路径。

```
public ActionResult Index()
{
    return View("~/Views/Home/About.cshtml");
}
```

注意,在使用以上这种语法时,必须提供视图的文件扩展名。

2. Razor 视图引擎

ASP.NET MVC 3 提供了两种不同的视图引擎:新的 Razor 视图引擎和原有的 Web Form 下的 ASPX 视图引擎。本书中使用的都是 Razor 视图引擎。与 ASPX 视图引擎相比,Razor 视图引擎是一个干净的、轻量级的、简单的视图引擎。

Razor 支持两种文件类型,分别是.cshtml 和.vbhtml,其中.cshtml 的服务器代码使用了 C#的语法,.vbhtml 的服务器代码使用了 VB.NET 的语法。本书中均使用 C#语法。

下面是一个简单的视图模板文件的内容:

```
@{
    string name = "Tom"
}
<h1>Razor Example</h1>
```

```
<p>Hello @name, this year is @DateTime.Now.Year</p>
```

从以上代码可以看出，Razor 其实是一种服务器代码和 HTML 代码混写的代码模板，类似于没有后置代码的.aspx 文件。视图中通常会含有一些程序代码，这些代码是无法直接发送给浏览器的。如图 1.27 所示，视图引擎的作用是对视图进行转换并向浏览器输出标准 HTML 的内容，这个过程一般称之为渲染（Render）。

图 1.27　视图引擎的功能

以上视图模板文件经过 Razor 引擎渲染后会输出以下 HTML 代码：

```
<h1>Razor Example</h1>
<p>Hello Tom, this year is 2014</p>
```

3. 布局页

布局页有助于使应用程序中的多个视图保持一致的外观。如果熟悉 Web Form 编程的话，布局页和其中的母版页的作用是相同的，但是布局页提供了更加简洁的语法和更大的灵活性。可以使用布局页为网站定义公共模板。公共模板包含一个或多个占位符，应用程序中的其他视图为它提供内容。在一个项目中可以定义一个或多个布局页，ASP.NET MVC 项目会默认创建一个布局页_Layout.cshtml，位于"~/Views/Shared"目录中。下面是一个简单的布局页 SiteLayout.cshtml 的内容。

```
<!DOCTYPE html>
<html>
<head><title>@ViewBag.Title</title>
<body>
    <h1>@ViewBag.Title</h1>
    <div>@RenderBody()</div>
</body>
</html>
```

布局页中的@RenderBody()调用是一个占位符，用来表示使用这个布局页的视图将渲染的结果插入到这个位置。如下面的代码所示，在视图中可以使用 Layout 属性来指定布局页。

```
@{
    Layout = "~/Views/Shared/_Layout.cshtml";
    ViewBag.Title = "Hello World";
}
```

如果不明确使用 Layout 属性设置视图的布局页，那么视图将默认使用_Layout.cshtml 布局页。可以通过修改"~/Views"目录下_ViewStart.cshtml 文件的内容来改变默认布局页的使用。下面的代码是_ViewStart.cshtml 文件的内容。

```
@{
    Layout = "~/Views/Shared/_Layout.cshtml";
}
```

_ViewStart.cshtml 文件优先于任何视图运行,所以在视图中可以重写 Layout 属性,从而重新选择一个不同的布局页。

如果视图不想使用布局页,可以参照下面的代码在视图中将 Layout 属性设置为 null。

```
@{
    Layout = null;
}
```

下面介绍视图渲染的内容是如何嵌入到布局页中的。下面是一个使用了 SiteLayout.cshtml 布局页的视图 Index.cshtml:

```
@{
    Layout = "~/Views/Shared/SiteLayout.cshtml";
    ViewBag.Title = "Hello World";
}
<p>你好,世界</p>
```

当这个视图渲染时,它的 HTML 内容将被放在 SiteLayout.cshtml 中"@RenderBody()"处,最后生成的 HTML 如下:

```
<!DOCTYPE html>
<html>
<head><title>Hello World</title>
<body>
    <h1>Hello World</h1>
    <div><p>你好,世界</p></div>
</body>
</html>
```

注意,以上内容中加粗的字体部分是由视图提供的,除此之外的其他内容都是由布局页提供的。

在视图中通过 ViewBag 对象的 Title 属性将浏览器标题信息传递给布局页面,使用这种办法,可以轻松地在视图模板和布局页面之间传递其他有用的信息。图 1.28 演示了视图与布局页之间的渲染关系。

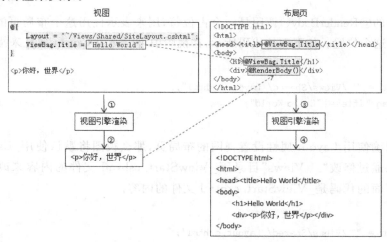

图 1.28 视图与布局页的渲染关系

任务四 Hello 控制器 Welcome 视图的创建

【技能目标】
➢ 学会从控制器向视图传递数据的方法；
➢ 学会使用 Razor 语法在视图中输出内容。

【知识目标】
➢ 掌握 ViewBag 对象的使用方法；
➢ 熟悉 Razor 语法。

一、任务实施

1. 修改 Welcome 操作方法

将 HelloController 控制器的 Welcome 操作方法修改为代码清单 1.7 所示的代码。

代码清单 1.7

```
19      public ActionResult Welcome(string name, int times = 1)
20      {
21          ViewBag.Message = "你好，" + name + "！";
22          ViewBag.times = times;
23          return View();
24      }
```

💡 代码分析

在本例中，第 19 行代码中的操作参数 name 和 times 的值来自于 URL 的查询字符串。注意，参数的值也可以来自于浏览器的 POST 请求或 cookie。

第 21 行代码通过 ViewBag 对象的 Message 属性将连接后的字符串传递给视图，其类型为字符串。

第 22 行代码通过 ViewBag 对象的 times 属性将操作参数 times 的值传递给视图，其类型为整数。

2. 添加 Welcome 视图

给 Welcome 操作方法添加视图，并将 Welcome.cshtml 视图文件的内容修改为代码清单 1.8 所示的代码。

代码清单 1.8

```
1   @{
2       ViewBag.Title = "Welcome";
3   }
4
5   <h2>@ViewBag.Message</h2>
6   @for (int i = 0; i < ViewBag.times; i++)
7   {
8       <p>This is the Welcome view.</p>
9   }
```

💡 代码分析

第 5 行中的代码 "@ViewBag.Message" 表示在此输出从控制器转过来的 ViewBag 对

象的 Message 属性。

第 6～9 行的代码使用 for 语句循环重复输出一段文字，循环次数由 ViewBag.times 的值决定。

重新调试运行该应用程序，在地址栏中输入"http://localhost:xxxx/hello/welcome?name=Tom&times=3"，运行效果如图 1.29 所示。

图 1.29 运行界面

二、相关知识

1. ViewBag 对象

在控制器的操作方法中，可以使用 ViewBag 对象向视图传递任何信息。这些信息可以在视图中被随意使用。换句话说，ViewBag 对象就是控制器与视图之间传递数据的通道。ViewBag 属性是动态的，它语法简单，可以访问通过 ViewData 属性访问的相同数据。它是一个高效地利用了 C#4 中新的 dynamic 关键字的封装器，其中封装了 ViewData。这样就可以使用类似属性访问的语法来检索 ViewData 字典中的值。

所以 ViewBag.Message 就等同于 ViewData["Message"]。

在大多数情况下，这两者语法没有谁优谁劣，但在关键字不是一个有效的 C#标识符时，就只能使用 ViewData 来访问。例如，ViewData["my name"]就不能等同地使用 ViewBag 来访问，因为关键字中存在空格。

实际上，ViewBag 不仅可以用来在控制器和视图之间传递数据，还可以在视图和布局页之间传递数据。在上一个任务中，已经看到了这种用法。

2. Razor 语法

ASP.NET MVC 3 支持两种视图语法：Razor 和 ASPX。Razor 语法相对于 ASPX 语

法而言非常简洁,其核心转换字符是"@"。Razor 非常智能,可以通过理解标记的结构来识别什么地方是代码,什么地方是 HTML 标记。后面将通过下面的例子来帮助理解 Razor 语法。视图的文件名为 sampleview.cshtml。

```
@{
    var names = new string[]{"Jack","Tom","Rose"};
}
<html>
<head><title>Sample View</title></head>
<body>
    <h1>Listing @names.Length names.</h1>
    <ul>
    @foreach(var item in names) {
        <li>The name is @item.</li>
    }
    <ul>
</body>
</html>
```

上面的代码包含了尽量少的视图逻辑,因为使用了 Rzaor 语法,所以其文件扩展名为 .cshtml。

1) 代码表达式

使用@符号可以表达两种代码结构:代码表达式和代码块。代码表达式求出表达式的值,然后将值输出到代码处。例如,在下面的代码段中:

```
<h1>Listing @names.Leng names.</h1>
```

表达式@names.Lenght 是作为隐式代码表达式求解的,然后在输出中显示表达式的值 3。上面的一行代码最终输出如下:

```
<h1>Listing 3 names.</h1>
```

值得注意的是,表达式@names.Lenght 不需要明确指出表达式的结束位置。因为 Razor 会从@符号开始向后扫描,当发现无效标识符时就会结束扫描,然后取扫描结束位置之前的一个有效片段作为表达式进行计算。在上面的代码中,表达式@names.Lenght 后面的空格是无效标识符,所以,Razor 将空格前面的有效代码片段"@names.Lenght"作为表达式看待。

相比之下,ASPX 语法只支持显式代码表达式,必须明确告知表达式在什么地方结束,这样上面的代码段在 ASPX 中将表达成如下形式:

```
<h1>Listing <%: names.Length %> names.</h1>
```

再看下面的代码:

```
<li>The name is @item.</li>
```

Razor 是如何正确识别"@item"为表达式的呢?根据前面所描述的规则,当 Razor 扫描到无效标识符<符号时,无效标识符前面的代码片段为"@item.",而其中有效的代码段片为"@item",所以,Razor 并不会将"."作为表达式的一部分看待。由此可以看出,Razor 足

够聪明，可以在大多数情况下正确识别表达式。但在某些情况下也会产生二义性，例如下面的代码：

```
@{
    string serviceName = "mail";
}
<p>@serviceName.sohu.com</p>
```

在上面这个示例中，想要的输出结果是：

`<p>mail.sohu.com</p>`

然而，在运行时会出现编译错误，提示 string 不包含 sohu 的定义。在这种情况下，Razor 没能理解真正的意图，而会认为@serviceName.sohu 是表达式。为了解决这种问题，Razor 可以将表达式用圆括号括起来以支持显式表达式，正确的表达方式如下：

`<p>@(serviceName).sohu.com</p>`

这样就明确地告诉了 Razor，括号以内的部分是表达式，而括号以外的部分是 HTML 文本。

下面再看一个电子邮件地址的情况。例如，下面是一个邮件地址：

`<p>myname@sohu.com</p>`

上面的代码中，Razor 会将"@sohu.com"看作表达式吗？这里 Razor 又展示了它的智能，它可以辨别出电子邮箱地址的一般格式，而不会将其看作表达式。

但是凡事都有特殊，再看看下面的代码：

```
@{
    ViewBag.title = "search";
}
<p>product_@ViewBag.title</p>
```

上面的代码中，"product_@ViewBag.title"会匹配成一个邮件地址，所以 Razor 会将其忽略。但这里期望的输出结果是：

`<p>product_search</p>`

这种情况仍然可以用圆括号来解决。任何时候 Razor 有了二义性，都可以用圆括号明确指明表达式的范围。正确的表达方法如下：

`<p>product_@(ViewBag.title)</p>`

"@"符号在 Razor 中具有特殊的含义，如果要在视图中以文字的形式输出@符号，需要使用两个相邻的@符号来标识一个@符号，示例代码如下：

`<p>@@home</p>`

2) 代码块

代码块是 Razor 视图中的另外一种代码形式。回顾前面视图的文件 sampleview.cshtml 中的内容，其中有下面代码：

```
@{
    var names = new string[]{"Jack","Tom","Rose"};
}
```

这是一个多行代码块,可以在一对大括号内编写任何多条有效的 C# 语句。

另一个代码块是 foreach 语句:

```
@foreach(var item in names){
    <li>The name is @item.</li>
}
```

这段代码对数组元素的内容进行迭代输出,数组中的每一个元素输出为一个列表项。在代码块中可以直接编写 HTML 标记,Razor 会自动识别,当标记关闭时它能自动转回到代码。如果使用 ASPX 语法,如下面代码所示,就必须显式地指出代码开始与结束的标记:

```
<% foreach(var item in names) { %>
    <li>The name is <%: item %>.</li>
<% } %>
```

值得注意的是,在代码块中不能直接编写纯文本。下面的代码就是错误的:

```
@for (int i = 0; i < 3; i++){
    This line is plain text.
}
```

如果要在代码块中直接输出纯文本可以使用<text></text>标记将纯文本括起来,以便 Razor 进行识别。上面的代码段正确的表示方法如下:

```
@for (int i = 0; i < 3; i++){
    <text>This line is plain text.</text>
}
```

任务五　源代码管理

【技能目标】
➢ 学会 VS 2010 提供的源代码管理功能将项目保存在 TFS 服务器上;
➢ 学会从 TFS 服务器下载项目并映射到本地磁盘上。

【知识目标】
➢ 理解工作区的概念;
➢ 理解工作文件夹映射的概念。

一、任务实施

1. 连接到团队项目

从 VS 2010 的"视图"菜单中选择"团队资源管理器"命令,打开图 1.30 所示的窗口,单击"连接到团队项目"按钮。

如图 1.31 所示,在"连接到团队项目"对话框中单击"服务器(R)"按钮。

图 1.30 "团队资源管理器"窗口

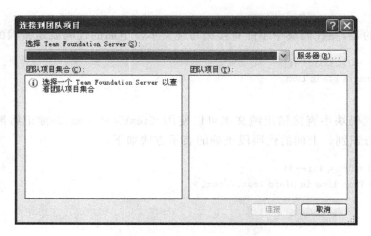

图 1.31 "连接到团队项目"对话框

如图 1.32 所示,在"添加/删除 TFS 服务器"窗口中,单击"添加"按钮。

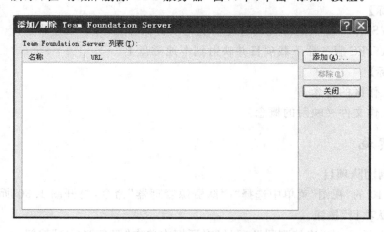

图 1.32 "添加/删除 TFS 服务器"窗口

如图 1.33 所示，输入 TFS 服务器的名称 TFSServer，单击"确定"按钮。

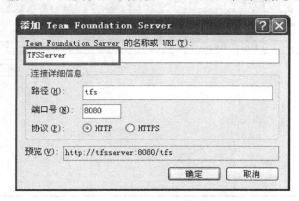

图 1.33 "添加 TFS 服务器"对话框

> **注意**
>
> TFS 服务器的名称在不同的开发团队中名称可能不同，本书中的使用的服务器名称为 TFSServer。

如图 1.34 所示，在连接 TFS 凭证输入窗口中输入 TFS 用户名和密码，单击"确定"按钮。

图 1.34 连接 TFS 凭证输入窗口

> **注意**
>
> TFS 服务器的账号由项目管理人员进行设置，每一个人在开发团队中都有一个唯一的用户名，本书中为了举例说明问题，可能会用到如张三、李四、王五等用户名。

连接 TFS 服务器成功后，会回到图 1.35 所示的"添加/删除 TFS 服务器"窗口。注意，窗口中多了一个 TFS 服务器列表项。

关闭"添加/删除 TFS 服务器"窗口后，界面回到图 1.36 所示的窗口。注意，此时的窗口中，团队项目集合栏目下已经有了可选项，同时团队项目栏目下也有了相应的可选项。在本例中，需要选中"项目1"。单击"连接"按钮。

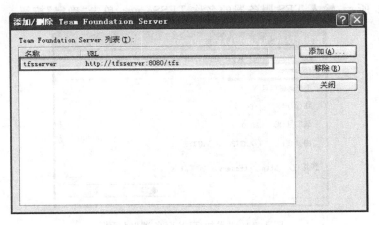

图 1.35 "添加/删除 TFS 服务器"窗口

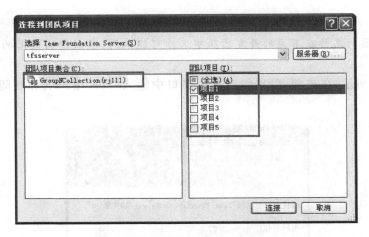

图 1.36 "连接到团队项目"对话框

> **注意**
>
> 图 1.36 中左边的团队项目集合和右边的团队项目列表,因不同的团队环境而异。

连接成功后,如图 1.37 所示,在"团队资源管理器"窗口中出现了项目 1 及其团队项目的各个子节点。

2. 将 MvcHelloWorld 项目上传至 TFS 服务器保存

切换到"解决方案资源管理器"窗口,如图 1.38 所示,在项目名称上右击,在弹出的菜单中选择"向源代码管理添加项目"菜单项。

如图 1.39 所示,在"向源代码管理中添加解决方案"对话框中选择"项目 1",单击"新建文件夹"按钮。

将新建的文件夹命名为用户名(如张三),创建好后单击"确定"按钮。如图 1.40 所示,目录创建成功后,选择新建的目录,单击"确定"按钮。

如图 1.41 所示,当项目提交至服务器之后,注意 VS 2010 IDE 发生的变化。

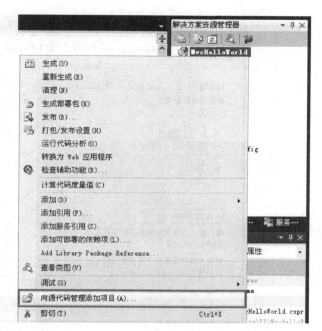

图 1.37 "团队资源管理器"窗口　　　图 1.38 添加项目至 TFS 服务器操作窗口

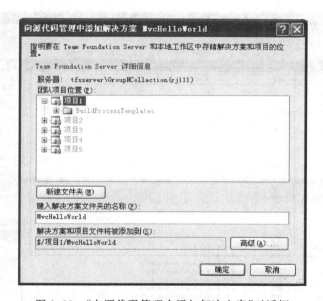

图 1.39 "向源代码管理中添加解决方案"对话框

如图 1.42 所示,在"解决方案资源管理器"窗口中的文件图标前都会出现一个"+"号,表示这些文件已经提交至 TFS,但这时文件并没有真正保存到 TFS,还需要进行签入操作。

如图 1.43 所示,在"挂起的更改"窗口中显示了将要保存到 TFS 的文件列表。只有执行了"签入"操作后,这些文件才会真正保存到 TFS 服务器。单击"签入"按钮。

图 1.40 "向源代码管理中添加解决方案"对话框

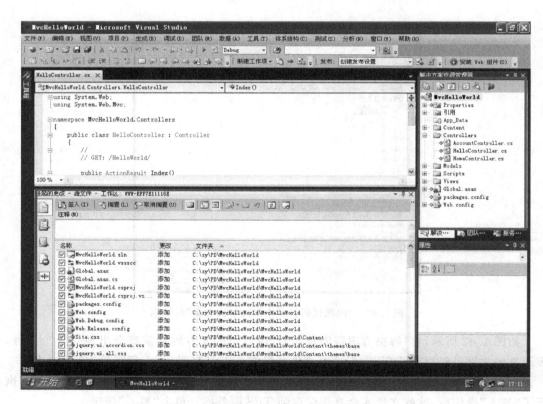

图 1.41 项目提交至 TFS 后的 IDE 界面

图 1.42 "解决方案资源管理器"窗口

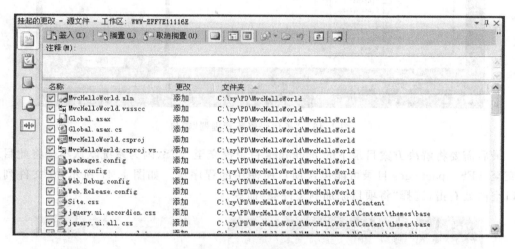

图 1.43 "挂起的更改"窗口

如图 1.44 所示,在"签入确认"对话框中选择"是",将这些文件全部保存到 TFS 服务器。

签入后注意 VS 2010 IDE 的变化。如图 1.45 所示,"解决方案资源管理器"窗口中的文件图标前的"+"号,变成了小锁图标,表示该文件已经保存到 TFS 服务器,并且没有其他团队成员签出修改。

图 1.44 "签入确认"对话框

图 1.45 签入后的文件状态图

如图 1.46 所示,双击"团队资源管理器"窗口中的"源代码管理",打开"源代码管理资源管理器",会看到项目在 TFS 服务器上的状态。

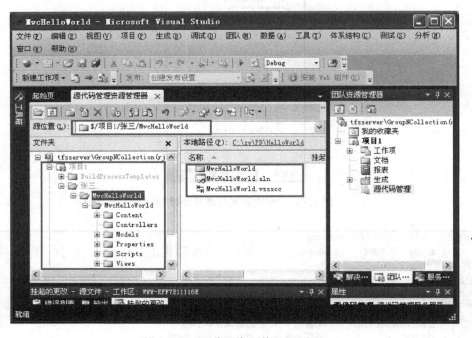

图 1.46 "源代码资源管理器"窗口

最后需要将解决方案目录下的 packages 目录提交至 TFS,因为系统默认不会将此目录提交至 TFS。packages 目录可能包含项目所使用的程序集。如图 1.47 所示,在文件列表窗口空白处右击,选择"将项目添加到文件夹"命令。

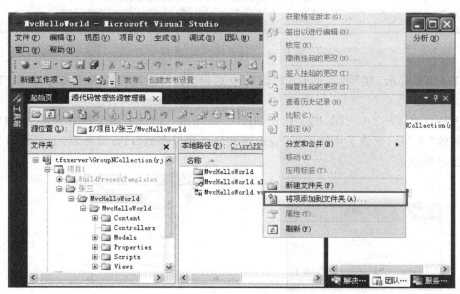

图 1.47 将项添加至文件夹操作

如图 1.48 所示，在"添加到源代码管理"窗口中选择 packages 目录，单击"下一步"按钮。

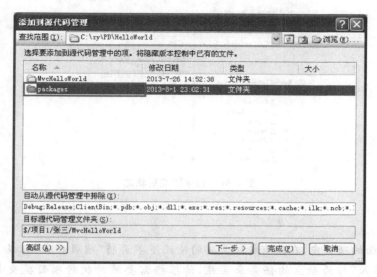

图 1.48 "添加到源代码管理"窗口

如图 1.49 所示，切换至"已排除的项"选项页，将所有项目选中，单击右下角的"包含项"命令按钮，将所有项目全部添加到"要添加的项"选项页中，单击"完成"按钮。

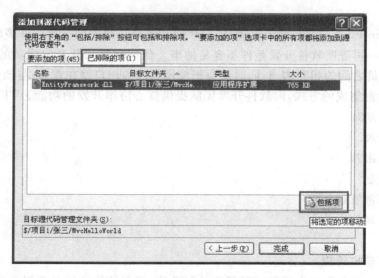

图 1.49 包含已排除项

如图 1.50 所示，packages 目录提交至 TFS 后，packages 目录会出现在"源代码资源管理器"窗口中，但此时，packages 目录前面的加号表示该目录并没有真正保存到 TFS，在执行签入操作后才能真正保存到 TFS。切换至"挂起的更改"窗口，执行签入操作。至此，项目全部保存至 TFS。

图 1.50　目录提交后状态

> **注意**
>
> 在本书后面的项目中，在没有特殊需要的情况下不再将"项目提交"以及下面一个任务中的"签出与签入"作为独立的任务来实施，请根据需要随时执行项目提交与签入签出的操作。

二、相关知识

1. TFS

TFS(Team Foundation Server)是 Visual Studio 产品线中的一员。许多软件开发项目失败的事实都一再证明软件开发是件不容易的事。任何软件团队开发成功的重要因素，都是做好团队成员之间的相互沟通，同时还要把使用软件的用户摆在首位，与他们沟通。

TFS 以紧密集成的方式，向软件开发团队提供核心协作开发的功能。TFS 提供的功能包括以下几个方面。

- ◇ 项目管理
- ◇ 工作项跟踪
- ◇ 版本控制
- ◇ 测试用例管理
- ◇ 生成自动化
- ◇ 报表
- ◇ 虚拟实验室管理

本书后面主要用到工作项跟踪和版本控制功能，更多的信息请参考相关书籍。

2. 工作区

当使用 TFS 作为团队项目的源代码管理工具时，每个项目的参与者都可以获得一份存储在 TFS 服务器上的项目副本，而工作区记录着每个特定的副本与服务器正本之间的关系信息，如哪些文件被编辑、添加、删除、重命名、移动等信息。

在 VS 2010 中，选择"文件→源代码管理→工作区"命令，可以打开图 1.51 所示的"管理工作区"窗口。

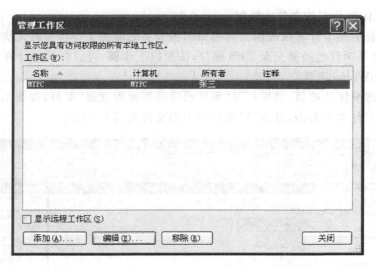

图 1.51 "管理工作区"窗口

工作区通过名称和其所在的计算机的主机名加以标识,同一台计算机上可以有多个工作区。通过工作区、服务器可以知道将哪些文件的哪些版本下载到本地计算机,正在修改哪些文件以及决定锁住哪些文件,以防止自己修改文件的同时其他人也对相同文件进行编辑。

3. 工作文件夹映射

工作区包含的信息中有一部分是关于工作文件夹映射的。在图 1.51 所示的图中单击"编辑"按钮,可以打开图 1.52 所示的"编辑工作区"窗口。

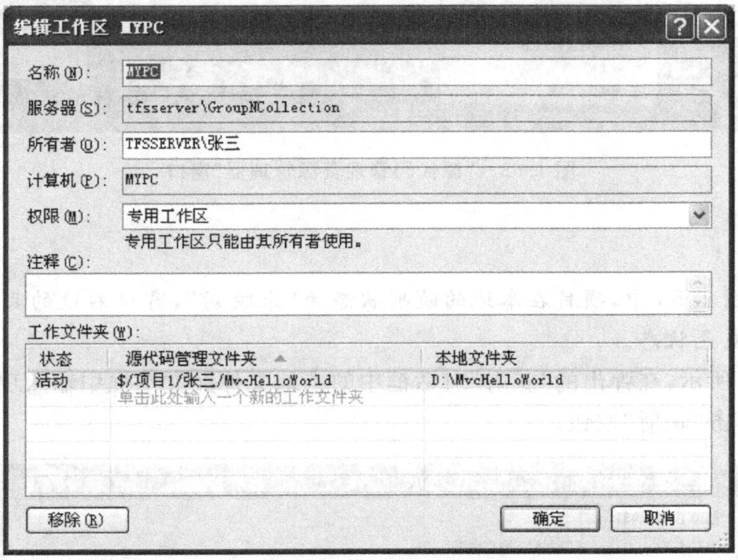

图 1.52 "编辑工作区"窗口

简单来说,工作文件夹映射说明本地计算机中的哪些文件夹映射到了服务器上的哪些文件夹。例如,图 1.52 中把"D:\MvcHelloWorld"映射到"$/项目 1/张三/MvcHelloWorld"。

4. 重建工作区及工作文件夹映射

当开发人员更换了计算机或因为其他原因丢失了之前的工作项目将无法继续进行开发工作时,但是如果项目已经提交至 TFS 保存,按照以下步骤,可以在其他计算机上恢复 TFS 上的 MvcHelloWorld 项目。

首先要连接至团队项目,然后打开"源代码管理资源管理器"窗口,如图 1.53 所示,在需要恢复的项目文件夹上右击,并选择"映射到本地文件夹(F)"命令。

图 1.53 "源代码管理资源管理器"窗口

> **注意**
>
> 注意观察图 1.53 中,项目在本地的映射状态为"未映射",窗口右边的目录文件列表的文字也表现为灰色状态。

如图 1.54 所示,在弹出的"映射"对话框中的本地文件夹文本框中输入项目在本地的存储位置,然后单击"映射"按钮。

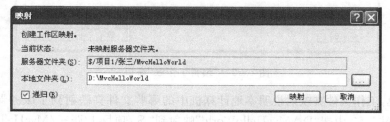

图 1.54 项目"映射"对话框

如图 1.55 所示，在映射确认对话框中单击"是(Y)"按钮。

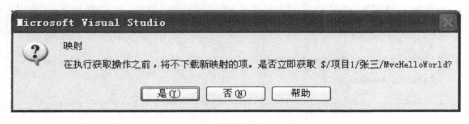

图 1.55　映射确认对话框

如图 1.56 所示，映射成功后，本地路径的值从"未映射"变成了"D：\MvcHelloWorld"，右边的目录文件列表也转变为点亮状态。至此，TFS 服务器上 MvcHelloWorld 项目的所有文件已在本地计算机上成功恢复。

图 1.56　映射后的"源代码资源管理器"窗口

任务六　签出与签入

【技能目标】
➢ 学会将文件的更改签入服务器；
➢ 学会撤销对文件的更改；
➢ 学会获取文件的最新版本。

【知识目标】
➢ 理解签出与签入的概念；
➢ 理解挂起的更改的概念。

一、任务实施

1. 修改视图文件/Views/Hello/Welcome.cshtml

打开视图文件/Views/Hello/Welcome.cshtml，将其代码更改为代码清单 1.9 所示的代码。

代码清单 1.9

```
1  @{
2      ViewBag.Title = "Welcome";
3  }
4
5  @for (int i = 0; i < ViewBag.times; i++)
6  {
7      <p>@ViewBag.Message</p>
8  }
```

> **注意**
>
> 修改视图文件的目的是产生对文件的编辑操作。如图 1.57 所示，修改视图文件后，注意观察解决方案资源管理器中 Welcome.cshtml 文件的图标由 🔒 图标变成了 ✔ 图标，这表示文件已经被签出进行编辑。同时，在下方的"挂起的更改"窗口中也列出了已经编辑过的所有文件。此时对文件的更改，并没有同步至服务器端，因此，服务器上的文件还保持着原来的内容，直到执行签入操作后，服务器上的文件才会更改。

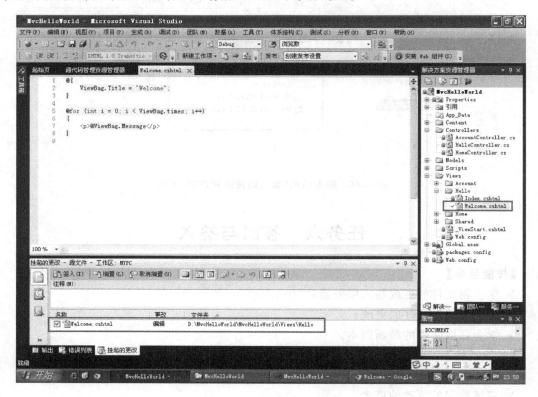

图 1.57　签出的文件状态

2. 签入挂起的更改

单击"挂起的更改"窗口中的"签入"按钮，签入后，Welcome.cshtml 文件的图标重新变为 🔒 图标，同时在"挂起的更改"窗口中，已成功签入的文件也会消失。

二、相关知识

1. 签出

从 TFS 映射项目后,文件最初被读取到工作区中时,它们在本地文件系统中是标成只读的。在开始编辑文件之前,需要从 TFS 中签出(check out)该文件,让服务器(及团队的其他成员)知道正在编辑这一文件。若是在 VS 2010 中直接编辑文件,这一过程会自动发生。文件编辑完成后,可以把它提交回服务器保存(这一操作称为签入)。也可以通过文件快捷菜单的"签出以进行编辑"命令明确签出进行编辑。执行命令后,会打开图 1.58 所示的签出确认窗口,在窗口中可以选择使用一种锁类型来加锁文件,默认情况下的文件在编辑时完全没有上锁。

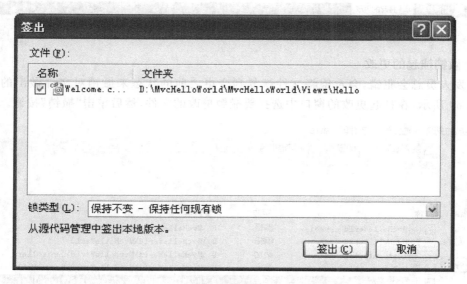

图 1.58 签出确认窗口

知识解析

签出时有 3 种锁类型可以选择:保持不变、签出、签入。"保持不变"意味着团队其他成员也可以签出和签入;"签出"表示禁止其他成员签出和签入;"签入"表示允许其他成员签出,但禁止签入。

2. 签入挂起的更改

随着对工作区中文件的更改,会积累出一系列的挂起更改(pending change)。任何所做的变更(编辑、添加、删除、撤销删除、重命名、移动、分支和合并等)都会在工作区中存储为挂起更改。

如果希望把变更提交至 TFS 服务器,需要执行"签入"操作。如图 1.59 所示,挂起更改窗口中记录着所有文件的变更记录,单击窗口中的"签入"按钮,可以将这些变更全部提交至服务器。

图 1.59 "挂起的更改"窗口

3. 撤销挂起的更改

开发人员总会犯错,会希望将文件恢复到变更之前的状态来撤销对文件做出的变更。如图 1.60 所示,在挂起更改的窗口中选择要撤销更改的文件,然后单击"撤销"按钮。

图 1.60 撤销挂起的更改

> **注意**
>
> 若撤销的变更是某个文件的添加,该文件不会从磁盘上自动删除,允许在误操作时将文件重新添加回来。

4. 获取

在团队项目环境下,TFS 服务器上的文件随时有可能被团队其他成员更新,那么如何才能获取到项目中最新的文件呢?执行"获取最新版本"操作可以获取到文件在 TFS 服务器上的最新版本。如图 1.61 所示,在项目名称上右击,选择"获取最新版本(递归)"命令,即可获取到项目中所有文件的最新版本。

也可以获取特定文件的服务器最新版本,只要在特定文件上右击,并选择"获取最新版本(递归)"命令即可。

图 1.61 获取项目最新版本

习 题 一

一、填空题

1. Web 应用程序是工作在_____模式下的网络应用程序，在这种模式下，客户端由_____来担任，数据处理的大部分工作由_____端完成，依靠_____协议进行通信。

2. MVC 架构模式的 3 个核心部件是_____、_____、_____。

3. 根据 ASP.NET MVC 的默认路由规则，URL"http://localhost:xxxx/Test"所映射的控制器名称为_____、操作方法名称为_____。

4. ASP.NET MVC 项目中每个控制器类的名称都以_____结尾，都存放在_____目录中，视图模板文件存放在_____目录中。

5. 在浏览器地址栏中输入_____，可以调用 BookController 控制器的 List 操作方法。

6. ASP.NET MVC 项目中默认使用的布局页名称为_____，位于_____目录中。

7. 布局页中的_____调用是一个占位符，用来表示使用这个布局页的视图将渲染的结果插入到这个位置。在视图中可以使用_____属性来指定布局页。

8. 使用_____可以实现在控制器和视图之间传递数据。

二、问答题

1. 什么是 MVC 模式？其各个核心部件的任务是什么？
2. 假设某控制器的操作方法如下：

```
public ActionResult Index()
{
    ViewBag.Msg = "Hello World";
    return View();
```

与以上操作方法对应的视图代码如下：

```
@{
    ViewBag.Title = "Index";
}
<p>@ViewBag.Msg</p>
```

以上视图使用的布局页代码如下：

```
<html>
<head><title>@ViewBag.Title</title>
<body>
    <div>@RenderBody()</div>
</body>
</html>
```

请根据以上给出的条件写出最后实际的 HTML 代码。

3. 以下是一段用 Razor 语法表示的视图代码，请写出运行结果。

```
@for (int i = 1; i <= 5; i++)
{
    for (int j = 1; j <= i; j++)
    {
        <text>*</text>
    }
    <br />
}
```

项目二　Northwind

【项目解析】

Northwind 数据库是微软 SQL Server 数据库产品的示例数据库，用于学习和问题讨论。本项目中借助于 Northwind 数据库演示在一个已有的数据库的基础上进行开发的过程。

本项目中使用的是 Northwind 数据库的中文版本，其中主要包括"产品"表、"类别"表、"供应商"表、"订单"表、"客户"表等表。本项目中应用程序的功能是根据产品名称、产品类别和供应商进行产品的综合查询。

任务一　项目创建与资源准备

【技能目标】

➢ 学会从已有数据库创建实体数据模型。

【知识目标】

➢ 理解模型的概念及其在 MVC 架构中的角色；

➢ 了解 ADO.NET 实体框架。

一、任务实施

1. 项目创建与数据库的准备

首先创建一个名为 MvcNorthwind 的 ASP.NET MVC 3 项目，创建好后在 App_Data 目录上右击，如图 2.1 所示，在打开的快捷菜单中选择"在 Windows 资源管理器中打开文件夹"命令，VS 2010 会自动打开 App_Data 目录所对应的本地文件夹。

如图 2.2 所示，将项目所用的数据库文件 NorthwindCN.mdf 复制到打开的本地 App_Data 文件夹中。

如图 2.3 所示，回到"解决方案资源管理器"窗口，并看不到刚才复制的数据库文件。这时，先单击显示所有文件按钮，再单击"刷新"按钮。

如图 2.4 所示，单击"刷新"按钮后，数据库文件 NorthwindCN.mdf 文件将出现在 App_Data 目录下，这时文件的图标显示为白色虚线框图标 ，这种图标通常表示文件在物理上是存在的，但是文件并没有包含在项目中，在将项目提交至 TFS 时，不包含在项目中的文件将不会保存到服务器上。

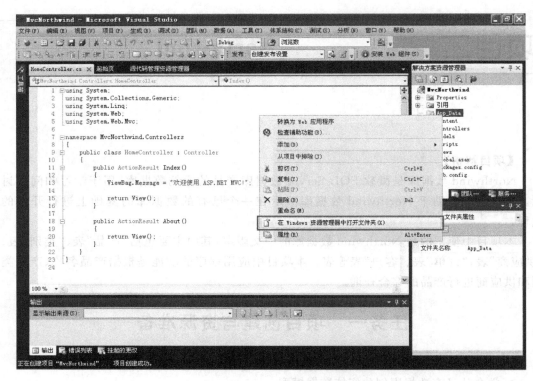

图 2.1 打开目录对应的本地文件夹

图 2.2 App_Data 本地文件夹

图 2.3 "解决方案资源管理器"窗口　　图 2.4 "解决方案资源管理器"窗口

如图 2.5 所示,在数据库文件上右击,在弹出的快捷菜单中选择"包括在项目中"命令。

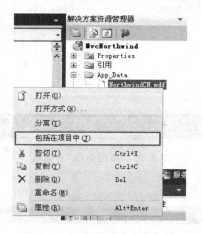

图 2.5 包含在项目中操作图

如图 2.6 所示,当数据库文件包含在项目中后,其图标变成了数据库图标。

图 2.6 "解决方案资源管理器"窗口

2. 建立实体数据模型

在 Models 目录上右击,选择"添加→新建项",打开"添加新项"对话框。

如图 2.7 所示,在"添加新项"对话框中的左侧选择"数据"模板分类,在右侧选择"ADO.NET 实体数据模型"项,将模型名称改为 NorthwindCN.edmx,单击"添加"按钮。

如图 2.8 所示,在"选择模型内容"向导对话框中选择"从数据库生成"选项,单击"下一

图 2.7 "添加新项"对话框

步"按钮。

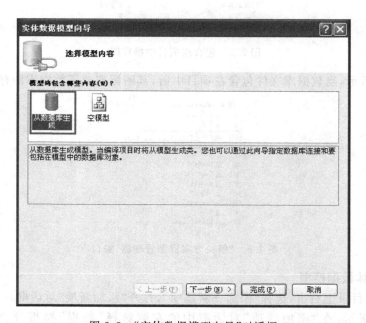

图 2.8 "实体数据模型向导"对话框

如图 2.9 所示,在"选择您的数据连接"向导对话框的上面会自动选中本项目中的数据库文件,在最下面的文本框中系统会自动命名数据上下文的名称,这里无须修改,保持默认,直接单击"下一步"按钮。

图 2.9 "实体数据模型向导"对话框

如图 2.10 所示,在"选择数据库对象"向导对话框中选择在本项目中需要的数据库表。在本项目中用到的"产品"表、"供应商"表和"类别"表前面勾选。在最下面的文本框中,系统自动设置了模型的命名空间,在控制器中需要引用该命名空间才能使用实体数据模型,这里无须修改,单击"完成"按钮。

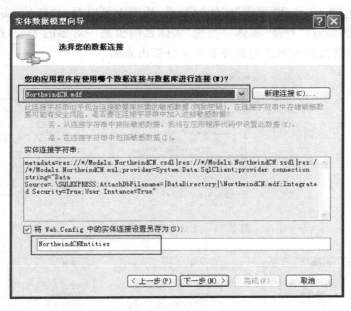

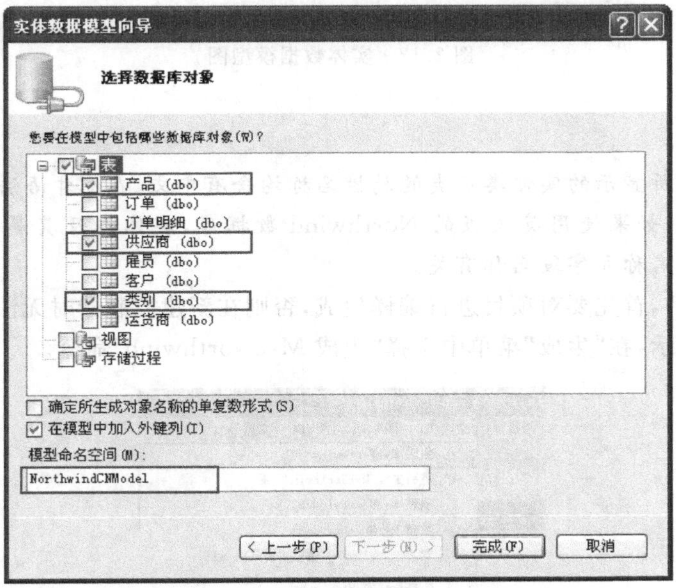

图 2.10 "实体数据模型向导"对话框

如图 2.11 所示,实体数据模型创建好后,在 Models 目录下新建了一个 NorthwindCN.edmx 模型文件,VS 2010 会自动打开该模型文件,如图 2.12 所示,模型以图形形式显示了"产品"实体、"供应商"实体和"类别"实体的关系,从图中可以看出"产品"实体、"供应商"实体之间是一对多的关系,"产品"实体、"类别"实体之间也是一对多的关系,这种关系无须人为指定,是系统根据数据库表之间的关系自动分析出来的。

图 2.11 实体数据模型文件

图 2.12 实体数据模型图

> **注意**
>
> 在图 2.12 中所显示的实体类及类的属性名称均含有中文,在 C#语法中可以使用含中文名称的变量名。如果使用英文版的 Northwind 数据库,实体类及其属性名称应该为英文,这与数据库表名称和字段名称有关。

模型创建好后,首先要对项目进行编译生成,否则在新建控制器时无法使用实体数据模型。如图 2.13 所示,在"生成"菜单中选择"生成 MvcNorthwind"命令。

图 2.13 生成项目操作图

如图 2.14 所示，项目生成成功后会在 VS 2010 的"输出"窗口中看到生成成功的信息。

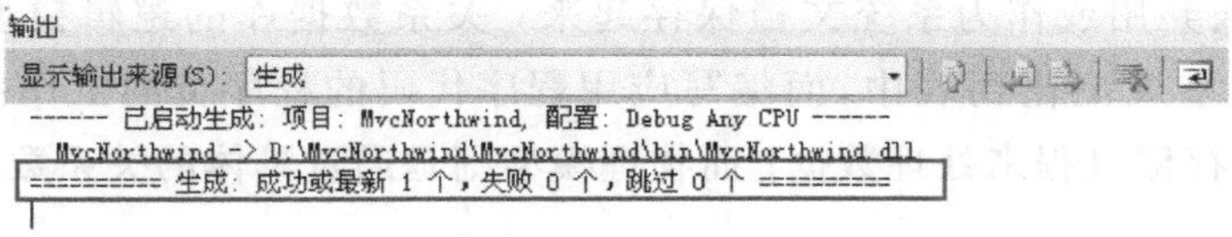

```
输出
显示输出来源(S): 生成
------ 已启动生成: 项目: MvcNorthwind, 配置: Debug Any CPU ------
  MvcNorthwind -> D:\MvcNorthwind\MvcNorthwind\bin\MvcNorthwind.dll
========== 生成: 成功或最新 1 个，失败 0 个，跳过 0 个 ==========
```

图 2.14 "输出"窗口

二、相关知识

1. 模型（Model）

模型在 MVC 模式中担任着数据总管的角色，有它负责数据的存取与跟业务有关的计算服务。

模型这个词在软件开发领域被多次引用，代表数百种不同的概念。在这里模型代表着那些发送信息到数据库，执行业务计算并为视图提供数据的模型对象。换句话说，这些对象代表着应用程序关注的问题领域，模型就是可以保存、创建、更新和删除数据的对象。

模型的创建方法有很多，在 ASP.NET MVC 3 中主要借助于微软的 Entity Framework（实体框架，EF）来创建模型。EF 提供了以下 3 种方式来创建模型：

◇ 数据库优先
◇ 模型优先
◇ 代码优先

本项目中将使用数据库优先方式来创建模型，在数据库已经存在情况下，通过由 EF 提供的工具将数据库转换生成模型类及数据上下文类。

模型优先方式就是通过可视化工具先建立问题域的对象模型，再由工具自动生成数据库及相关的模型类。

代码优先方式就是直接编写模型类和数据上下文类的代码，然后由工具自动生成数据库。

这 3 种方式中，开发人员都是直接针对模型类进行编程，而不是数据库。模型类和数据库之间的关系由 EF 框架自动进行管理。

2. ORM

对象-关系映射（Object-Relation Mapping，ORM），是随着面向对象的软件开发方法发展而产生的。面向对象的开发方法是当今企业级应用开发环境中的主流开发方法，关系数据库是企业级应用环境中永久存放数据的主流数据存储系统。对象和关系数据是业务实体的两种表现形式，业务实体在内存中表现为对象，在数据库中表现为关系数据。内存中的对象之间存在关联和继承关系，而在数据库中，关系数据无法直接表达多对多关联和继承关系。因此，对象-关系映射（ORM）系统一般以中间件的形式存在，主要实现程序对象到关系数据库数据的映射。

通常，在使用传统方法构建一些数据库应用程序时，数据库会分 3 步进行设计：概念模型、逻辑模型和物理模型。

概念模型是定义要建模的系统中的实体和关系，它通常用作捕获和沟通应用程序需求的工具,常常以静态关系图形式提供(如 ER 图),用于在项目早起阶段查看和讨论之用,用完之后会被弃用或作为系统文档保存起来;关系数据库的逻辑模型则是通过外键约束将实体和关系规范化到表中,而编写应用程序代码的程序员的工作主要是通过编写 SQL 查询和调用存储过程来处理数据;而物理模型则是通过具体的关系数据库系统进行设计和优化。

在这个一系列的设计过程中,物理模型是目标,而概念模型和逻辑模型是中间产物。程序员在程序设计过程中直接操作物理模型,但必须将与之对应的概念模型记在心中,否则程序员将无法理解这些数据。

使用 ORM 框架,大大简化了概念模型的创建,从而可以快速地创建出概念模型。更重要的是,设计者和程序员都直接针对概念模型进行设计和编码。可以随意查询概念模型中的实体和关系,同时依靠实体框架将这些操作转换为特定于数据源的命令,从而赋予模型生命。这使应用程序不再对特定数据源具有硬编码的依赖性。概念模型、存储模型以及这两者之间的映射以基于 XML 的架构表示,并在具有对应扩展名的文件中定义。

3. ADO.NET 实体框架

ADO.NET 实体框架(ADO.NET Entity Framework)是微软以 ADO.NET 为基础所发展出来的 ORM 解决方案。

实体框架的核心是实体数据模型(Entity Data Model,EDM)。EDM 定义开发人员通过代码进行交互的实体类型、关系和容器。实体框架将这些元素映射到关系数据库的存储架构上,映射过程完全由实体框架自动完成,开发者无须关心映射的细节。

VS 2010 提供了实体模型设计器,它是一个支持通过单击鼠标修改.edmx 文件的工具。通过使用实体设计器,可以直观地创建和修改实体、关联、映射和继承关系。VS 2010 也支持从已有的数据库直接转换生成实体数据模型。

当使用实体数据模型工具从现有数据库生成概念模型时,需要考虑如下注意事项:

◇ 所有实体都必须具有键。如果数据库中有一个未设置主键的表,那么实体数据模型工具会尝试为相应的实体推断一个键。

◇ 仅包含外键。表示数据库中两个表之间的多对多关系的表在概念模型中没有对应的实体。当实体数据模型工具遇到此类表时,会在概念模型中将该表表示为一个多对多的关联,而不是实体。

从现有数据库生成概念模型后会得到一个.demx 文件,主要提供两种类型供编程使用。一种是实体类,用于表示概念模型中的实体,通常一个数据库表映射为一个实体(表示多对多关系的表除外)。另一种是数据上下文类,表示一种容器,它对应于数据库本身。就像数据库中用多个表一样,数据上下文类中包含了所有的实体集合。

作为开发人员,只需要考虑对从概念模型生成的类进行编程,而不必去考虑存储架构以及如何访问数据存储中的对象并将这些对象转换为编程对象。

使用实体框架,可以从传统的面向数据的编程模型转换为面向模型(即面向对象)的编程模式,这是一个重大的转变,不在需要直接面对关系存储架构编程。

任务二 实现产品列表的显示

【技能目标】
➢ 学会创建强类型视图；
➢ 学会在控制器中使用数据上下文类获取数据；
➢ 学会在操作方法之间进行跳转。

【知识目标】
➢ 理解强类型视图的概念；
➢ 理解视图辅助方法的概念与作用。

一、任务实施

1. 添加 ProductController 控制器

添加一个名为 ProductController 的控制器，将其代码更改为代码清单 2.1 所示的代码。

代码清单 2.1

```
1   using System;
2   using System.Collections.Generic;
3   using System.Linq;
4   using System.Web;
5   using System.Web.Mvc;
6   using MvcNorthwind.Models;
7
8   namespace MvcNorthwind.Controllers
9   {
10      public class ProductController : Controller
11      {
12          private NorthwindCNEntities ne = new NorthwindCNEntities();
13
14          public ActionResult Index()
15          {
16              return View(ne.产品.ToList());
17          }
18
19      }
20  }
```

💡 **代码分析**

第 6 行代码是对实体数据模型命名空间的引用。

第 12 行代码创建了一个数据上下文对象 ne，通过该对象可以轻松地访问所有数据集。

第 16 行代码通过 View() 方法将产品列表对象通过 Model 属性传递给视图。这是给视图传递数据的另一种方法。

2. 添加 Index 视图

给 ProductController 控制器的 Index 操作方法添加视图，如图 2.15 所示，在"添加视图"对话框中，选中"创建强类型视图"，模型类选择"产品"，支架模板选择 List，其他保持默认，单击"添加"按钮。

VS 2010 会自动生成 Index.cshtml 视图文件，将视图文件的代码替换为代码清单 2.2 所示的代码。

图 2.15 "添加视图"对话框

代码清单 2.2

```
1  @model IEnumerable<MvcNorthwind.Models.产品>
2  @{
3      ViewBag.Title = "产品列表";
4  }
5  <table>
6      <tr>
7          <th>产品名称</th>
8          <th>供应商</th>
9          <th>类别</th>
10         <th>单价</th>
11         <th>库存量</th>
12     </tr>
13 @foreach (var item in Model) {
14     <tr>
15         <td>item.产品名称</td>
16         <td>item.供应商.公司名称</td>
17         <td>item.类别.类别名称</td>
18         <td>item.单价</td>
19         <td>item.库存量</td>
20     </tr>
21 }
22 </table>
```

代码分析

第 1 行代码使用"@model"指令定义 Model 数据是强类型产品列表。

第 13~21 行代码通过 foreach 循环将所有产品信息以表行的形式输出到网页。

第 16 行的"item.供应商.公司名称"通过产品对象的导航属性"供应商"直接获取产品的供应商名称信息。

第 17 行的"item.类别.类别名称"通过产品对象的导航属性"类别"直接获取产品的分类信息。

3. 修改布局页

将布局页修改为代码清单 2.3 所示的代码,去除导航链接和登录链接以简化页面。

代码清单 2.3

```
1   <!DOCTYPE html>
2   <html>
3   <head>
4       <title>@ViewBag.Title</title>
5       <link href="@Url.Content("~/Content/Site.css")" rel="stylesheet" type="text/css" />
6       <script src="@Url.Content("~/Scripts/jquery-1.5.1.min.js")" type="text/javascript"></script>
7   </head>
8   <body>
9       <div class="page">
10          <div id="header">
11              <h1>Northwind 应用程序</h1>
12          </div>
13          <div id="main">
14              @RenderBody()
15          </div>
16          <div id="footer">
17          </div>
18      </div>
19  </body>
20  </html>
```

4. 修改站点默认首页

方法一：

由于项目运行时默认的 URL 为"http://localhost:xxxx/"，它对应于 HomeController 控制器的 Index 方法，为了让项目自动跳转到 ProductController 控制器的 Index 方法上，可以修改 HomeController 类的 Index 方法为代码清单 2.4 所示的代码。

代码清单 2.4

```
1   using System;
2   using System.Collections.Generic;
3   using System.Linq;
4   using System.Web;
5   using System.Web.Mvc;
6
7   namespace MvcNorthwind.Controllers
8   {
9       public class HomeController : Controller
10      {
11          public ActionResult Index()
12          {
13              return RedirectToAction("Index", "Product");
14          }
15
16      }
17  }
18
```

代码分析

第 13 行的代码将浏览器重新定向到"http://localhost:xxxx/Product/"，从而实现了自动跳转的功能。代码"RedirectToAction("Index", "Product");"中的第 1 个参数为跳转的目标操作方法，第 2 个参数为跳转的目标控制器。

方法二：

也可以通过修改路由默认值的方法将 ProductController 控制器的 Index 方法设置为站点默认首页，如代码清单 2.5 中第 27 行所示，将 Global.asax 文件中的 RegisterRoutes 方法中的默认控制器设置为 Product。

代码清单 2.5

```
20    public static void RegisterRoutes(RouteCollection routes)
21    {
22        routes.IgnoreRoute("{resource}.axd/{*pathInfo}");
23
24        routes.MapRoute(
25            "Default", // 路由名称
26            "{controller}/{action}/{id}", // 带有参数的 URL
27            new { controller = "Product", action = "Index",
28                  id = UrlParameter.Optional } // 参数默认值
29        );
30
31    }
```

5. 运行项目

运行项目（按"F5"功能键），运行结果如图 2.16 所示，站点会自动跳转至 http://localhost:xxxx/Product。

图 2.16　运行界面

⚠ **注意**

如果项目已经用 TFS 进行源代码管理，那么项目中的所有文件在非签出状态下都是写保护的。由于数据库文件 NorthwindCN.mdf 已经被包含在项目中，所以数据库文件也处在写保护状态，这会影响程序的运行。在运行之前先要将数据库文件 NorthwindCN.mdf 签出，以使其处于可读写状态。

二、相关知识

1. 强类型视图

在前面的项目中，提到用 ViewBag 对象可以在控制器和视图之间传递任何类型的对

象,但是在视图中,通过 ViewBag 传递的对象没有确切的类型,这就无法获得编译时语法检查和智能提示的功能。

在控制器的操作方法中,也可以通过 View()方法向视图传递模型对象。在后台,传进 View()方法的对象将赋给 ViewData.Model。在视图中可以通过 Model 变量来直接引用 View()方法传递的对象,但在不特别说明的情况下,Model 变量也没有确切的类型。要想使 Model 具有明确的类型,可以在视图中用@model 指令进行声明。注意,这里需要输入模型类型的完全限定类型名,如下面的代码所示:

```
@model IEnumerable<MvcNorthwind.Models.产品>
```

上面的代码说明了 Model 变量的类型为 IEnumerable< MvcNorthwind.Models.产品>。

如果不想输入模型类的完全限定类型名,可以使用@using 关键字声明,如下面的代码和上述代码具有等效的作用:

```
@using MvcNorthwind.Models
@model IEnumerable<产品>
```

使用强类型视图后,可以获得编译时类型检查和智能提示的功能特性。

如图 2.15 所示,创建视图时,在"添加视图"对话框中可以通过选中"创建强类型视图"选项告诉系统在创建视图时指定 Model 为何类型。

2. 视图辅助方法

相对于 Web Form 编程,ASP.NET MVC 编程的优点之一是可以完全控制 HTML 标记的生成,增加了界面控制的灵活性。但是,也同时失去了在 ASPX 页面中使用控件显示界面的方便性,增加了编程难度。

在视图中进行编码时,可以使用 HtmlHelper 类和 UrlHelper 类提供的方法来完成 HTML 标记的生成。HtmlHelper 实例在视图中可以直接使用而无须创建,其名称为 Html,UrlHelper 实例在视图中也可以直接使用而无须创建,其名称为 Url。代码清单 2.2 中第 15 行的"@Html.DisplayFor((modelItem => item.产品名称))"代码,其作用就是使用 HTML 帮助方法来显示输出产品对象的产品名称,可替换为"@item.产品名称"。

HTML 辅助方法是用来辅助 HTML 开发的。这里可能有一个疑问:例如向文本编辑器中输入 HTML 元素如此简单的任务,还需要任务帮助吗?输入标签名称是很容易的事情,但是确保 HTML 页面链接中的 URL 指向正确的位置、表单元素拥有可用于模型绑定的合适的名称和值以及当模型绑定失败时,其他的元素能够显示相应的错误提示消息,这些才是使用 HTML 的难点。

HTML 辅助方法可以通过视图的 Html 属性进行调用。相应地,也可以通过 Url 属性调用 URL 辅助方法。所有的这些方法都有一个共同目标:使视图编码变得简单。

URL.Content 辅助方法特别有用,它可以将应用程序的相对路径转换成绝对路径。在视图中通常用 URL.Content 辅助方法来定位资源文件。例如,在布局页中通过下面的代码,用 Content 辅助方法来定位 jquery-1.5.1-min.js 文件:

```
<script src = "@URL.Content("~/Scripts/jquery-1.5.1-min.js")" type = "text/javascript"/>
```

上述代码中的"~"符号表示应用程序的根目录。由于 ASP.NET 应用程序在 IIS 服务器上可能位于某个虚拟目录下,URL.Content 方法就可以根据具体的情况来生成资源文件的具体位置,这样,开发人员就不需要关心应用程序最终的发布位置。在视图或布局页中要尽量使用 Content 方法来定位静态资源,以防 Web 应用程序的发布位置发生变化时产生错误。

任务三　实现根据名称查询产品

【技能目标】
➢ 学会使用辅助方法生成表单;
➢ 学会使用 LINQ 查询表达式筛选数据。

【知识目标】
➢ 熟悉 LINQ 查询表达式的语法;
➢ 掌握 Html.BeginForm 辅助方法的用法;
➢ 掌握 Html.TextBox 辅助方法的用法。

一、任务实施

1. 修改 ProductController 控制器 Index 视图

将 Index 视图的代码更改为代码清单 2.6 所示的代码,变化部分已用矩形框标出。

代码清单 2.6

```
1   @model IEnumerable<MvcNorthwind.Models.产品>
2   @{
3       ViewBag.Title = "产品列表";
4   }
5   @using (Html.BeginForm("search", "product",FormMethod.Get))
6   {
7       <p>产品名称:@Html.TextBox("pname")<br />
8       <input type="submit" value="查询" /></p>
9   }
10  <table>
11      <tr>
12          <th>产品名称</th>
13          <th>供应商</th>
14          <th>类别</th>
15          <th>单价</th>
16          <th>库存量</th>
17      </tr>
18  @foreach (var item in Model) {
19      <tr>
20          <td>@item.产品名称</td>
21          <td>@item.供应商.公司名称</td>
22          <td>@item.类别.类别名称</td>
23          <td>@item.单价</td>
24          <td>@item.库存量</td>
25      </tr>
26  }
27  </table>
```

💡 **代码分析**

第 5 行的 Html.BeginForm("search","product",FormMethod.Get)方法调用可以帮助生成 HTML 表单的开始与结束标记,其中的参数指明表单所提交的 URL,本例中为

http://localhost:xxxx/product/search。

第 7 行的 Html.TextBox("pname")方法调用可以帮助生成单行文本的 HTML 表单元素标记,本例中将生产"<input id="pname" name="pname" type="text" value="" />"。

2. 给 ProductController 控制器添加 Search 操作方法

查询表单将数据发送给 ProductController 控制器的 Search 操作方法,这个操作方法目前还没有创建。创建 Search 操作方法,其代码如代码清单 2.7 所示。

代码清单 2.7

```
10    public class ProductController : Controller
11    {
12        private NorthwindCNEntities ne = new NorthwindCNEntities();
13
14        public ActionResult Index()
15        {
16            return View(ne.产品.ToList());
17        }
18        public ActionResult Search(string pname)
19        {
20            var plist = from p in ne.产品
21                        where p.产品名称.Contains(pname)
22                        select p;
23            return View("index", plist.ToList());
24        }
25    }
```

代码分析

第 18 行的操作参数 pname 的值来自于查询字符串中的同名参数值。

第 20~22 行代码通过 LINQ 查询表达式查询出产品名称中包含 pname 操作参数值的所有产品,这里实际是一种模糊查询。

第 23 行的 View("index", plist.ToList())方法调用将选择 Index 视图作为渲染视图,这里是一种视图重复使用的情况。其中,plist.ToList()方法将生产一个产品列表对象,它会通过 View 方法的调用传递给视图。

重新调试运行应用程序,在产品名称输入框中输入"油"作为查询关键字,运行结果如图 2.17 所示。

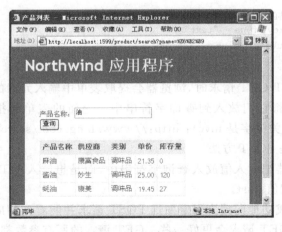

图 2.17 运行界面

二、相关知识

1. 表单

表单在网页中主要负责数据采集功能。一个表单由3个基本组成部分：表单标签、表单域和表单按钮。表单标签用于申明表单，定义采集数据的范围。表单域包括文本框、密码框、隐藏域、多行文本框、复选框、单选框、下拉选择框和文件上传框等。表单按钮包括提交按钮、复位按钮和一般按钮；用于将数据传送到服务器上的脚本或者取消输入，还可以用表单按钮来控制其他定义了处理脚本的处理工作。

form 标签的功能是强大的，如果没有 form 标签，Internet 将变成一个枯燥文档的只读存储库。将不能进行网上搜索，也不能在网上购买任何商品。

1）action 和 method 特性

表单是包含输入元素的容器，其中包含按钮、复选框、文本框等元素。表单中的这些输入元素使得用户能够向页面中输入信息，并把输入的信息提交给服务器。但是提交给哪个服务器呢？这些信息又是如何到达服务器的呢？这些问题的答案就在两个非常重要的 form 标签特性中，即 action 和 method 特性。

action 特性用以告知 Web 浏览器信息发往哪里，所以 action 就顺理成章地包含一个 URL。这里 URL 可以是相对的，但当向一个不同的应用程序或服务器发送信息时，它也可以是绝对的。下面的 form 标签将可以从任何应用程序中向站点 www.bing.com 的 search 页发送一个搜索词（输入元素的名称为 key）：

```
< form action = "http://www.bing.com/search">
  < input name = "key" type = "text">
  < input type = "submit" value = "Search!">
</form>
```

显然，上面的代码中的 form 标签没有 method 特性。当发送信息时，method 特性可以告知浏览器是使用 HTTP POST 还是使用 HTTP GET。表单默认的方法是 HTTP GET，所以默认情况下表单发送的是 HTTP GET 请求。

```
< form action = "http://www.bing.com/search" method = "get">
  < input name = " key" type = "text">
  < input type = "submit" value = "Search!">
</form>
```

当用户使用 HTTP GET 请求时，浏览器会提取表单中输入元素的 name 特性值及其相应的 value 特性值，并将它们放入到查询字符串中。上面的表单将把浏览器导航到 URL（假设用户输入的搜索关键字是 mvc）：http://www.bing.com/search?key=mvc。

2）GET 方法还是 POST 方法

如果不想让浏览器把输入值放入查询字符串中，而是想放入 HTTP 请求的主体中，就可以给 method 特性赋值 post。

尽管这样也可以成功地向搜索引擎发送 POST 请求并能看到相应的搜索结果，但是相对而言，使用 HTTP GET 请求会更好一些。GET 请求的所有参数都在 URL 中，因此可以将 URL 保存为书签，也可以在电子邮件或网页中将这些 URL 作为超级链接来使用。GET

请求不会改变服务器上应用程序的状态,所以客户端可以向服务器重复地发送 GET 请求而不会发生副作用。

POST 请求通常用来发送敏感信息,如账户、密码等。POST 请求通常会改变服务器上应用程序的状态,重复提交 POST 请求可能会产生不良后果,例如购物时,由于重复提交了两次 POST 请求,而产生两个订单。很多浏览器现在都可以帮助用户避免重复提交 POST 请求,如果用户重复提交,浏览器会给出提示,让你确认是否重复提交 POST 请求。

通常情况下,在 Web 应用程序中,GET 请求用于读操作,POST 请求用户写操作。

2. 视图辅助方法

1) Html.BeginForm

大部分的辅助方法输出 HTML 标记,尤其是 HTML 辅助方法。例如下面的代码中 BeginForm 辅助方法就是在为搜索表单而构建强壮的 form 标签。

```
@using(Html.BeginForm("search", "product", FormMethod.Get))
{
    <input type = "text" name = "pname" />
    <input type = "submit" value = "查询" />
}
```

上面的这段代码在客户端将呈现为下面的这段 HTML 标记:

```
<form action = "/product/search", method = "get">
    <input type = "text" name = "pname" />
    <input type = "submit" value = "查询" />
</form>
```

在后台,BeginForm 辅助方法与路由引擎协调以生成合适的 action 特性的 URL,使代码在应用程序部署位置发生变化时能自动生成新的 action 特性的 URL,而无须修改代码。

BeginForm 辅助方法输出的是起始<form>和结束</form>标签。using 的使用使得代码更简洁而优雅,如果不使用 using,也可以用下面这段代码等价替换上面的代码:

```
@{ Html.BeginForm("search", "product", FormMethod.Get); }
    <input type = "text" name = "pname" />
    <input type = "submit" value = "查询" />
@{Html.EndForm();}
```

2) Html.TextBox(和 Html.TextArea)

TextBox 辅助方法渲染 type 特性为 text 的 input 标签。例如下面形式的调用:

```
@Html.TextBox("pname")
```

会生成如下所示的 HTML 标记:

```
<input type = "text" name = "pname" id = "pname" />
```

TextBox 辅助方法的一个兄弟方法是 TextArea 辅助方法,下面的代码展示了 TextArea 辅助方法的使用:

```
@Html.TextArea("note","hello world",10,80,null)
```

上述代码会生成如下所示的 HTML 标记：

```
<textarea cols="80" rows="10" id="note" name="note">hello world</textarea>
```

3. LINQ 查询表达式

LINQ 是 Language Integrated Query(语言集成查询)的简称，它是集成在.NET 编程语言中的一种特性，已成为编程语言的一个组成部分，在编写程序时可以得到很好的编译时语法检查、丰富的元数据、智能感知、静态类型等强类型语言的好处。并且它同时还使得查询可以方便地对内存中的信息进行查询而不仅仅只是外部数据源。

LINQ 定义了一组标准查询操作符为所有基于.NET 平台的编程语言提供了一种统一的查询操作方式。对于编写查询的开发人员来说，LINQ 最明显的"语言集成"部分是查询表达式。查询表达式是使用 C# 中引入的声明性查询语法编写的。通过使用查询语法，甚至可以使用最少的代码对数据源执行复杂的筛选、排序和分组操作。使用相同的基本查询表达式模式来查询和转换 SQL 数据库、ADO.NET 数据集、XML 文档和流以及.NET 集合中的数据。使用 LINQ 需要在程序中引入 System.Linq 命名空间。

1) LINQ 查询示例

下面将通过两个例子演示如何使用 LINQ 来查询数组与 SQL Server 数据库，以便对 LINQ 查询有一个大致的了解。

(1) 查询数组。

在日常开发中，经常需要对数组中的数据做一些"筛选"操作。如下面的数组所示：

```
int[] num = { 1, 2, 3, 4, 5, 6, 7, 8, 9 };
```

对于 num 数组，如需要从中"筛选"出大于 5 的数据并将结果显示出来。而在传统的开发过程中，如果要筛选其中大于 5 的数据，则需要遍历整个数组进行对比。如下面的代码所示：

```
for(int i = 0; i < num.Length; i++)
{
  if(num[i] > 5)
  {
    Console.WriteLine(num[i]);
  }
}
```

上述代码非常简单，将数组从头开始遍历，遍历中将数组中的值与 5 相比较，如果大于 5 就会输出该值，如果小于 5 就不会输出该值。虽然上述代码实现了功能的要求，但是这样编写的代码烦冗复杂，也不具有扩展性，并且还需要进行复杂的数组遍历。如果使用 LINQ 查询语句进行查询就非常简单。示例代码如下所示：

```
var result = from data in num
             where data > 5
             select data;
foreach(var i in result)
{
  Console.WriteLine(i);
}
```

这样，LINQ 执行了条件语句并返回了元素的值大于 5 的元素，并且也省去了复杂的数组遍历。

其实，使用 LINQ 进行查询之后返回了一个 IEnumerable 的集合，而 IEnumerable 是.NET 框架中最基本的集合访问器，可以使用 foreach 语句遍历集合元素。当然，LINQ 不仅能够查询数组，还可以通过.NET 提供的编程语言进行筛选。例如，对一个字符串数组 str，如果要查询其中包含"C#"的字符串，对于传统的编程方法是非常烦琐的。但使用 LINQ 就非常简单了，由于 LINQ 是.NET 编程语言中的一部分，开发人员就能通过编程语言进行筛选。如下面的代码所示：

```
string str[] = {"我爱 C#","C#新特性","Web config","URL"};
var result = from data in str
             where data.Contains("C#")
             select data;
```

除此之外，LINQ 语句能够方便的扩展，当有不同的需求时，可以修改条件语句进行逻辑判断。例如，上面的 num 数组中，可以筛选一个平方数为偶数的数组元素，直接修改条件即可。LINQ 查询语句如下所示：

```
var result = from data in num
             where (data * data) % 2 == 0
             select data;
```

上述代码通过条件(data * data)%2==0 将数组元素进行筛选，选择平方数为偶数的数组元素的集合，因此得到的结果是 2、4、6、8。

(2) 查询数据库。

在数据库操作中，同样可以使用 LINQ 进行数据库查询。LINQ 以其优雅的语法和面向对象的思想能够方便地进行数据库操作。下面的示例演示了如何使用 LINQ 查询数据库中产品价格高于 50 的产品名称。

使用 LINQ 查询数据库，首先要创建一个实体数据上下文类。该类的创建可以通过向导很方便地完成。现假设数据上下文类的名称为 NorthwindCNEntities，示例代码如下：

```
NorthwindCNEntities ne = new NorthwindCNEntities();
var result = from p in ne.产品
             where p.单价> 50
             select p;
foreach(var p in result)
{
  Console.WriteLine(p.产品名称);
}
```

从上面的 LINQ 查询代码可以看出，就算是不同的对象、不同的数据源，其 LINQ 基本的查询语法都非常相似，并且 LINQ 还能够支持编程语言具有的特性，从而弥补 SQL 语句的不足。在数据集的查询中，其查询语句也可以直接使用，无须大面积修改代码，这样的代码就具有了更高的维护性和可读性。

2) LINQ 查询语法

LINQ 的查询语法在格式上与 SQL 语句相似，其基本格式如下：

```
var <变量> = from <项目> in <数据源>
            where <表达式>
            orderby <表达式>
            select <项目>;
```

LINQ 语句不仅能够支持对数据源的查询和筛选,同 SQL 语句一样,它还支持 orderby 等排序以及投影等操作。从结构上来看,LINQ 查询语句同 SQL 查询语句中比较大的区别就在于 SQL 查询语句中的 select 关键字在语句的前面,而在 LINQ 查询语句中 select 关键字在语句的后面,在其他地方没有太大的区别,相信对于熟悉 SQL 查询语句的人来说非常容易上手。

(1) from 查询子句。

from 子句是 LINQ 查询语句中最基本的,同时也是最重要的、必需的子句关键字。与 SQL 查询语言不同的是 from 关键字必须在 LINQ 查询语句的开始,后面跟随者项目名称和数据源。格式如下所示:

from <项目> in <数据源>

示例代码如下:

```
var result = from data in dataset select data;
```

如上面的 from 子句格式与示例代码所示,from 子句指定项目名和数据源,并且指定需要查询的内容。其中,项目名称为数据源的一部分而存在,用于表示和描述数据源中的每一个元素;而数据源可以是数组、集合、数据库甚至 XML 等。

顾名思义,可以将 from 理解为"来自",而 in 可以理解为"在哪个数据源中"。这样可以将 from data in dataset select data 语句理解成"找到来自 dataset 数据源中的每一个 data 元素",这样就能更加方便地理解 from 子句。

这里需要注意的是,from 子句的数据源的类型必须为 IEnumerable、IEnumerable<T>类型或者 IEnumerable、IEnumerable<T>的派生类,否则 from 不能够支持 LINQ 查询。例如,List 类型支持 LINQ 查询,因为 List 类型实现了 IEnumerable、IEnumerable<T>接口。

(2) select 子句。

与 from 子句一样,select 子句也是 LINQ 查询语句中必不可少的关键字。在 LINQ 查询语句中必须包含 select 子句,若不包含 select 子句则系统会抛出异常。select 子句指定了返回到集合变量中的元素的形态。示例代码如下所示:

```
var result = from s in students
            select s;
```

上述代码中的 students 是存储学生对象的数据源。上述代码的功能是"选择来自 students 数据源中的所有学生"。如果学生对象的属性很多,而只需要其中一部分信息(如学号、姓名、年龄)该怎么办呢?下面的代码演示了只选取一部分信息的用法。

```
var result = from s in students
            select new {
                SID = s.SID,
                Name = s.Name,
```

```
            Age = s.Age
        };
```

上述代码中,在 select 子句中通过创建匿名对象的形式,只选取了需要的信息。

(3) orderby 子句。

同 SQL 一样,在 LINQ 查询语句中也提供了一个排序子句 orderby。这里的 orderby 是一个词,而不是分开的。orderby 能够支持升序(ascending)和降序(descending)排序。示例代码如下:

```
var result = from s in students
             orderby s.Age
             select s;
```

上述代码查询 students 数据源中的所有学生并按年龄升序排序,将结果集返回到 result 变量中。也可以根据多个关键字进行排序,示例代码如下:

```
var result = from s in students
             orderby s.Age, s.Name
             select s;
```

orderby 子句中的多个关键字可以用逗号分开即可。

(4) where 子句。

在 LINQ 中可以通过 where 子句对数据源中的数据进行筛选。示例代码如下:

```
var result = from s in students
             where s.Age > 20
             select s;
```

上述代码演示了选择数据源中年龄大于 20 岁的所有学生。

如果有多个筛选条件,可以通过逻辑"与"和逻辑"或"形成复杂的查询条件,或者使用多个 where 子句。示例代码如下:

```
var result = from s in students          var result = from s in students
             where s.Age > 20                         where s.Age > 20 && s.Sex = "男"
             where s.Sex = "男"                      select s;
             select s;
```

上述左右两边的查询语句是等效的,都是查询年龄大于 20 岁的男生。

任务四　实现根据分类查询产品

【技能目标】
➢ 学会使用视图辅助方法生成下拉列表;
➢ 学会对数据集进行多次筛选的方法。

【知识目标】
➢ 掌握 Html.DropDownList 辅助方法的用法。

一、任务实施

1. 修改 ProductController 控制器 Index 操作方法

实现根据分类查询产品的方法是在视图中提供一个产品类别下拉列表,由用户选择列表项进行查询。而视图要显示这样的一个下拉列表,需要控制器的操作方法提供数据。将 Index 操作方法修改为代码清单 2.8 所示的代码。

代码清单 2.8

```
14    public ActionResult Index()
15    {
16        ViewBag.productCategory = new SelectList(ne.类别.ToList(),
17                                                  "类别ID", "类别名称");
18        return View(ne.产品.ToList());
19    }
```

💡 **代码分析**

第 16~17 行代码通过 ViewBag 对象的 productCategory 属性向视图传递了一个产品类别的选择列表,用于在视图中生成下拉列表表单元素。

2. 修改 ProductController 控制器 Index 视图

将 Index 视图文件中的表单代码部分修改为代码清单 2.9 所示的代码。

代码清单 2.9

```
5    @using (Html.BeginForm("search", "product", FormMethod.Get))
6    {
7        <p>产品名称:@Html.TextBox("pname")<br />
8        产品类别:@Html.DropDownList("productCategory","All")<br />
9        <input type="submit" value="查询" /></p>
10   }
```

💡 **代码分析**

第 8 行通过 Html.DropDownList("productCategory","All") 辅助方法的调用生成一个如下所示的下拉列表表单标记:

```
< select id = "productCategory" name = "productCategory">< option value = ""> All </option >
  < option value = "1">饮料</option >
  < option selected = "selected" value = "2">调味品</option >
  < option value = "3">点心</option >
  < option value = "4">日用品</option >
  < option value = "5">谷类/麦片</option >
  < option value = "6">肉/家禽</option >
  < option value = "7">特制品</option >
  < option value = "8">海鲜</option >
</select >
```

其中"productCategory"正是控制器通过 ViewBag 对象的 productCategory 属性传递过来的类别选择列表。

3. 修改 Search 操作方法

将 ProductController 控制器的 Search 操作方发修改为代码清单 2.10 所示的代码。

代码清单 2.10

```
20    public ActionResult Search(string pname,int? productCategory)
21    {
22        ViewBag.productCategory = new SelectList(ne.类别.ToList(),
23                                     "类别ID", "类别名称");
24        pname = pname.Trim();
25        var plist = from p in ne.产品
26                    where p.产品名称.Contains(pname)
27                    select p;
28        if(productCategory!=null)
29            plist = from p in plist
30                    where p.类别ID == productCategory
31                    select p;
32        return View("index", plist.ToList());
33    }
```

代码分析

第 20 行中的操作参数 productCategory 是一个可选参数，当表单提交的数据中没有相应数据时，该值为 null。

该操作方法选择的视图是 Index 视图，所以第 22~23 行的代码同样需要将产品类别选择列表传递给视图。

第 24 行的代码对程序做了容错处理，当 pname 中含有无效空格时将其去除。

第 28~31 行的代码在 productCategory 不为 null 的情况下根据产品类别编号对 plist 进行二次筛选。

重新调试运行该应用程序，根据产品类别查询的运行结果如图 2.18 所示。

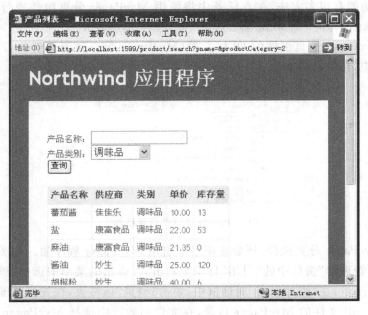

图 2.18　运行界面

二、相关知识

Html.DropDownList 辅助方法返回一个＜select /＞元素。通常情况下，select 元素有

两个作用：
- ◇ 展示可选项的列表
- ◇ 展示字段的当前值

由于这个辅助方法需要一些特定的信息，因此在控制器中需要做一点设置工作。它需要一个包含所有可选项的 SelectListItem 对象集合，其中每一个 SelectListItem 对象中又包含有 Text、Value 和 Selected 3 个属性。可以根据需要构建自己的 SelectListItem 对象集合，也可以在控制器中使用 SelectList 类来构建。构建好的 SelectListItem 对象集合可以通过 ViewBag 对象的动态属性传递给视图。

任务五　实现查询结果分页显示

【技能目标】
- ➢ 学会在项目中引用第三方组件；
- ➢ 学会在列表视图中分页显示数据的方法。

【知识目标】
- ➢ 掌握 MvcPager 分页组件的用法。

任务实施

1. 分页组件的引用

实现分页功能有很多方法，在本任务中将使用 MvcPager 分页组件进行分页。详细信息请参考网站 http://www.webdiyer.com/controls/mvcpager。

首先将 MvcPager 分页组件的 DLL 文件（MvcPager.dll）复制到解决方案的目录下的 packages 目录中，目录结构如图 2.19 所示。

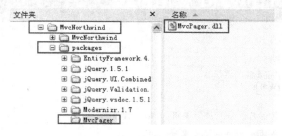

图 2.19　分页控件目录结构

要使用 MvcPager 分页控件，还要在项目中引用 MvcPager 程序集。如图 2.20 所示，在"解决方案资源管理器"窗口中的"引用"目录上右击，在弹出的菜单中选择"添加引用"命令。

如图 2.21 所示，在"添加引用"对话框中，单击"浏览"标签页，在查找范围列表框中选择含有 MvcPager.dll 文件的 MvcPager 目录，在文件列表框中选择 MvcPager.dll 文件，最后单击"确定"按钮。

如图 2.22 所示，程序集引用成功后，会在"引用"目录下显示被引用的程序集条目。

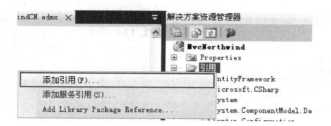

图 2.20　添加引用操作

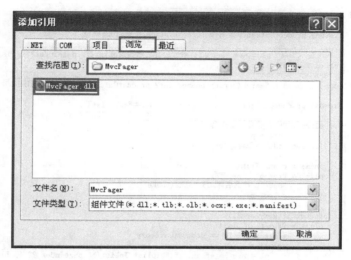

图 2.21　"添加引用"窗口

图 2.22　引用成功示意图

> **注意**
>
> 当将新的组件引入到项目后，在将项目签入至服务器之前，不要忘了将新引入的文件添加到服务器。

2. 修改 ProductController 控制器操作方法

要实现分页显示，还要对 ProductController 控制器的两个操作方法稍作修改，代码如代码清单2.11所示。

代码清单2.11

```
4   using System.Web;
5   using System.Web.Mvc;
6   using MvcNorthwind.Models;
7   using Webdiyer.WebControls.Mvc;
8
9   namespace MvcNorthwind.Controllers
10  {
11      public class ProductController : Controller
12      {
13          private NorthwindCNEntities ne = new NorthwindCNEntities();
14
15          public ActionResult Index(int? pageIndex)
16          {
17              ViewBag.productCategory = new SelectList(ne.类别.ToList(),
18                                                       "类别ID", "类别名称");
19              PagedList<产品> pl = new PagedList<产品>(ne.产品.ToList(), pageIndex??1, 5);
20              return View(pl);
21          }
22          public ActionResult Search(string pname, int? productCategory, int? pageIndex)
23          {
24              ViewBag.productCategory = new SelectList(ne.类别.ToList(),
25                                                       "类别ID", "类别名称");
26              var plist = from p in ne.产品
27                          select p;
28              if (!String.IsNullOrEmpty(pname))
29              {
30                  pname = pname.Trim();
31                  plist = from p in ne.产品
32                          where p.产品名称.Contains(pname)
33                          select p;
34              }
35              if(productCategory!=null)
36                  plist = from p in plist
37                          where p.类别ID == productCategory
38                          select p;
39              PagedList<产品> pl = new PagedList<产品>(plist.ToList(), pageIndex ?? 1, 5);
40              return View("index", pl);
41          }
42      }
43  }
```

💡 代码分析

第7行代码引用了MvcPager分页控件的命名空间。

第15行的Index操作方法的参数多了一个页码参数pageIndex，int类型后面的问号表示这是一个可选参数。

第19～20行代码在产品列表对象的基础上封装了一个PagedList分页列表对象，并将其传递给视图。PagedList构造方法的第1个参数是要求分页的列表对象，第2个参数是要显示的当前页，第3个参数指定每页显示记录数。

第26～34行的变化是为了适应分页功能的加入而引起的查询请求的复杂性，基本思想是先查询出所有产品，再根据pname操作参数是否为null来决定是否执行按产品名称筛选。

3. 修改ProductController控制器Index视图

下面对视图文件进行修改，以适应分页的需要。代码如代码清单2.12所示。

代码清单 2.12

```
1   @using Webdiyer.WebControls.Mvc;
2   @model PagedList<MvcNorthwind.Models.产品>
3   @{
4       ViewBag.Title = "产品列表";
5   }
6   @using (Html.BeginForm("search", "product",FormMethod.Get))
7   {
8       <p>产品名称：@Html.TextBox("pname")<br />
9       产品类别：@Html.DropDownList("productCategory","All")<br />
10      <input type="submit" value="查询" /></p>
11  }
12  <table>
13      <tr>
14          <th>产品名称</th>
15          <th>供应商</th>
16          <th>类别</th>
17          <th>单价</th>
18          <th>库存量</th>
19      </tr>
20  @foreach (var item in Model) {
21      <tr>
22          <td>@item.产品名称</td>
23          <td>@item.供应商.公司名称</td>
24          <td>@item.类别.类别名称</td>
25          <td>@item.单价</td>
26          <td>@item.库存量</td>
27      </tr>
28  }
29  </table>
30  @Html.Pager(Model)
```

代码分析

第 1 行代码是对 MvcPager 分页控件命名空间的引用。

第 2 行代码中将 IEnumerable<> 泛型类型改为 PagedList<> 泛型类型。

第 30 行代码在产品列表的最后添加了一个分页控制条。

重新调试运行项目，运行效果如图 2.23 所示。

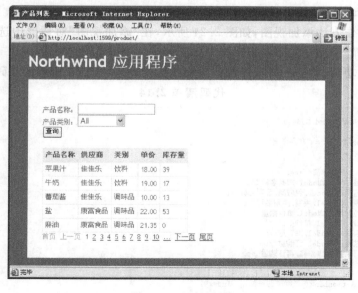

图 2.23 运行界面

任务六 实现查看产品详情的功能

【技能目标】
➢ 学会使用辅助方法生成链接。

【知识目标】
➢ 掌握 Html.ActionLink 辅助方法的用法。

一、任务实施

1. 添加 Detail 操作方法

给 ProductController 控制器添加一个 Detail 操作方法，代码如代码清单 2.13 所示。

代码清单 2.13

```
42    public ActionResult Detail(int id=0)
43    {
44        var plist = from p in ne.产品
45                    where p.产品ID == id
46                    select p;
47        if(plist.Count()==0)
48            return HttpNotFound();
49        var product = plist.First();
50        return View(product);
51    }
```

☀ 代码分析

第 47～48 行代码判断查询结果是否为空，如果为空说明给定 id 的产品不存在，则返回给浏览器一个 404 错误码。

第 49 行代码提取 plist 中的首个产品对象，也是唯一的一个对象。

第 50 行代码通过 View 方法将产品对象传递给视图。

2. 添加 Detail 视图

给 Detail 操作方法添加视图，如图 2.24 所示，在"添加视图"对话框中选择创建强类型视图，模型类选择"产品"，支架模板选择"Details"。

视图创建成功后，将 Detail 视图的代码修改为代码清单 2.14 所示的代码。

代码清单 2.14

```
1   @model MvcNorthwind.Models.产品
2   @{
3       ViewBag.Title = "产品详情";
4   }
5   <fieldset>
6       <legend>产品详情</legend>
7       <p>产品名称：@Model.产品名称</p>
8       <p>供应商：@Model.供应商.公司名称</p>
9       <p>类别：@Model.类别.类别名称</p>
10      <p>单位数量：@Model.单位数量</p>
11      <p>单价：@Model.单价</p>
12      <p>库存量：@Model.库存量</p>
13      <p>订购量：@Model.订购量</p>
14      <p>再订购量：@Model.再订购量</p>
15  </fieldset>
16  <p>
17      @Html.ActionLink("返回产品列表", "Index")
18  </p>
```

图 2.24 "添加视图"对话框

💡 代码分析

第 17 行中 Html.ActionLink("返回产品列表","Index")方法的调用会帮助生产如下链接：

< a href = "/Product">返回产品列表</a>

3. 修改 ProductController 控制器的 Index 视图

在商品列表中给产品名称加上链接，通过链接来访问商品详情是个便捷的方法。修改 Index 视图的代码，部分代码如代码清单 2.15 所示。

代码清单 2.15

```
20    @foreach (var item in Model) {
21        <tr>
22            <td>@Html.ActionLink(item.产品名称, "detail", new {id=item.产品ID })</td>
23            <td>@item.供应商.公司名称</td>
24            <td>@item.类别.类别名称</td>
25            <td>@item.单价</td>
26            <td>@item.库存量</td>
27        </tr>
28    }
```

💡 代码分析

第 22 行中 Html.ActionLink(item.产品名称，"detail"，new {id=item.产品ID })方法的调用会帮助产生如下链接：

< a href = "/Product/detail/1">苹果汁</a>

其中黑体字部分根据产品对象的不同会有相应的变化。

重新调试运行项目，可以看到图 2.25 所示的结果。

从以上图中可以看到，每行记录的产品名称都加上的链接，每个链接都指向相应的 Detail 操作方法。单击商品名称，可以看到如图 2.26 所示的产品详情页面。

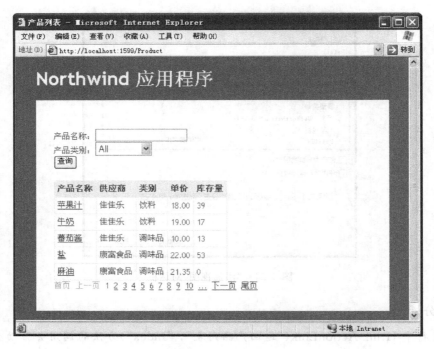

图 2.25 运行界面

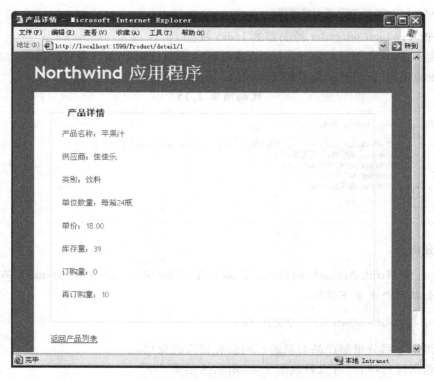

图 2.26 运行界面

二、相关知识：视图辅助方法 Html.ActionLink

Html.ActionLink 辅助方法渲染指向另一个控制器操作的超链接，如以下用法：

@Html.ActionLink("Link Text","AnotherAction")

假设默认路由值的{Controller}参数为 Home,以上代码渲染后生成如下 HTML 标记：

< a href = "/Home/AnotherAciton">Link Text </a>

当需要一个指向不同控制器的操作的链接时，用法如下：

@Html.ActionLink("Link Text","detail","Product")

第1个参数为显示字段，第2个参数为控制器中的操作名，第3个参数为控制器名去掉 Controller。以上代码渲染后生成如下 HTML 标记：

< a href = "/Product/detail">Link Text </a>

在实际的应用中可能需要传递一个 ID 值或者其他参数值，这个时候可以传递 RouteValueDictionary 对象，也可给 routeValues 参数传递一个匿名对象，在运行时查看对象的属性并用它来构建路由值。

当需要在构建的超链接后面增加查询字符串时，用法如下：

@Html.ActionLink("Link Text","detail","Product",new { id = 1 },null)

该方法的最后一个参数是 htmlAttributes,即通过该参数设置 HTML 元素的值，上面设置为 null 即没有设置任何特性，但是为调用 ActionLink 方法必须给其赋值。上面的辅助方法将生成如下 HTML 标记：

< a href = "/Product/detail?id = 1">Link Text </a>

由于使用了三段式的路由模式"{controller}/{action}/{id}",所以路由系统在输出以上链接时实际输出结果为：

< a href = "/Product/detail/1">Link Text </a>

Html.RouteLink 和 Html.ActionLink 方法遵循了相同的模式，但是，该方法只接收路由对象而不接受控制器名称和操作名，"@Html.ActionLink("Link Text","detail", "Product",new { id＝1 },null)"可等价表示为以下表达式：

@Html.RouteLink("Link Text",new {controller = "product",action = "detail",id = 1 })

习 题 二

一、填空题

1. 使用_____对象可以在控制器和视图之间传递任何类型的数据。
2. 将应用程序的相对路径转换成绝对路径应使用_____辅助方法，在视图中使用_____辅助方法可以生成表单标记。

3. 表单的_____特性用以告知 Web 浏览器信息发往哪里，_____特性可以告知浏览器是使用什么数据发送方式。

二、问答题

1. 模型在 MVC 模式中担任何种角色。它的主要职责是什么。
2. 如何理解 EF 实体中的数据库优先和代码优先模式。

三、编程题

1. 请写出将整型数组中大于 5 的数倒序输出的程序片段（用 LINQ 实现）。
2. 参照任务二中的方法，实现显示客户列表的功能。
3. 参照任务四中的方法，增加根据供应商查询产品的功能。

项目三 图书列表

【项目解析】

图书列表 Web 应用程序为用户提供图书信息查询与简单管理功能,其中管理功能包括图书信息的增加、删除、修改和列表显示等功能。系统有两类用户,一类是普通用户,可以在主页上查询图书的相关信息。另一类是管理员,可以对图书信息进行增、删、改查等操作。该项目采用敏捷方法进行团队开发。由于项目较小,整个开发过程只用一轮迭代。

任务一 需求分析

【技能目标】
- 能编写用户故事与验收测试;
- 学会提取用户角色和用户故事;
- 学会用 TFS 管理用户故事。

【知识目标】
- 了解敏捷软件开发方法;
- 理解用户故事的概念;
- 理解故事点的含义。

一、任务实施

1. 需求描述

再做后继开发之前,首先要确定用户需求。对于敏捷开发来说,团队成员和客户在一起讨论并用卡片记录需求。需求应该由客户提出,开发人员负责帮助客户编写故事。这些故事能提醒开发人员同客户交谈,而不是记录详细的需求定义。以用户故事的形式对本项目的需求描述如下。

故事卡 1
作为一个<普通用户>,我想要<用图书名作为关键字查询图书信息>。
测试:
• 用至少符合一本图书的书名进行查询。
• 用不符合任何一本图书的书名进行查询。

故事卡 2
作为一个<管理员>,我想要<对图书信息进行管理>。

故事卡2是一个史诗故事,将其分解为以下几个故事。

故事卡 2-1
作为一个＜管理员＞,我想要＜查看全部图书信息的列表＞。

故事卡 2-2
作为一个＜管理员＞,我想要＜查看一本图书的详细信息＞。

故事卡 2-3
作为一个＜管理员＞,我想要＜增加一本图书的信息＞。

故事卡 2-4
作为一个＜管理员＞,我想要＜删除一本图书的信息＞。

故事卡 2-5
作为一个＜管理员＞,我想要＜修改一本图书的信息＞。

2. 需求管理

在企业境下通常会用工具来对需求进行管理。下面要将用户故事输入到TFS,以便对项目需求进行跟踪管理。启动VS 2010,切换到"团队资源管理器"窗口,单击链接到团队项目按钮 ,在弹出的"连接到团队项目"对话框中选中"项目3",单击"连接"按钮,如图3.1所示。

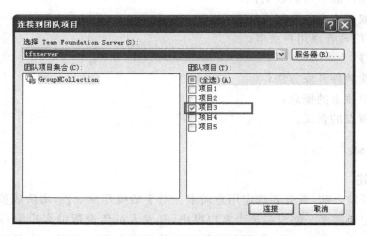

图3.1 "链接到团队项目"对话框

在项目3的"工作项"节点上右击,选择"新建工作项→用户情景"命令,如图3.2所示。

> **注意**
> 在TFS中"用户情景"相当于敏捷方法中的"用户故事"。

在"新用户情景"对话框中输入用户情景标题,在"详细信息"中输入用户故事的内容,如图3.3所示,核对无误后单击"保持工作项"按钮。

"指派给"一栏可以选择完成该故事的团队成员,也可以保持默认,即创建该工作项的成员,其他选项保持默认。用户情景创建之初,其状态为"活动",在故事完成时,可以回来将状

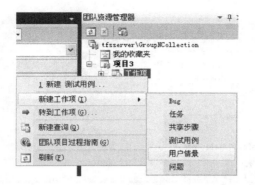

图 3.2 新建用户情景操作

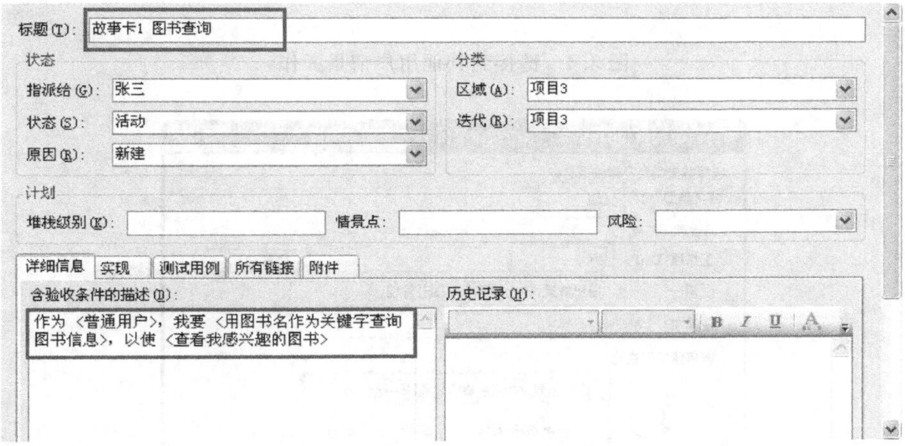

图 3.3 "新建用户情景"对话框

态信息修改为"已解决"。

以同样的方法将剩余的用户故事以用户情景的形式保存到 TFS,但是故事卡 2-1 至 2-5 是故事卡 2 的分解,如何在 TFS 中体现这种父子关系呢?以故事卡 2-1 为例,先打开故事卡 2-1 的用户情景,切换到"实现"选项卡,单击"链接到"按钮,如图 3.4 所示。

在添加链接对话框中,链接类型选择"父级",在工作项 ID 文本框中直接输入父级用户情景的 ID 号,或者单击右侧的"浏览"按钮去选择所要的用户情景,如图 3.5 所示。在对话框的下方会以图形的形式显示用户情景之间的关系,在本例中,代表故事卡 2-1 的用户情景是代表故事卡 2 的用户情景的子级。单击"确定"按钮即可添加链接,如图 3.6 所示。

链接添加成功后会在实现选项页下显示与当前用户情景关联的其他用户情景及关系。

以同样的方法将故事卡 2-2 至故事卡 2-5 链接为故事卡 2 的子级,如图 3.7 所示。同时,在浏览代表故事卡 2 的用户情景时,也可以看到其所有的子级用户故事。

二、相关知识

1. 软件开发的过程

由于"软件危机"的产生,迫使人们不得不研究、改变软件开发的技术手段和管理方法,

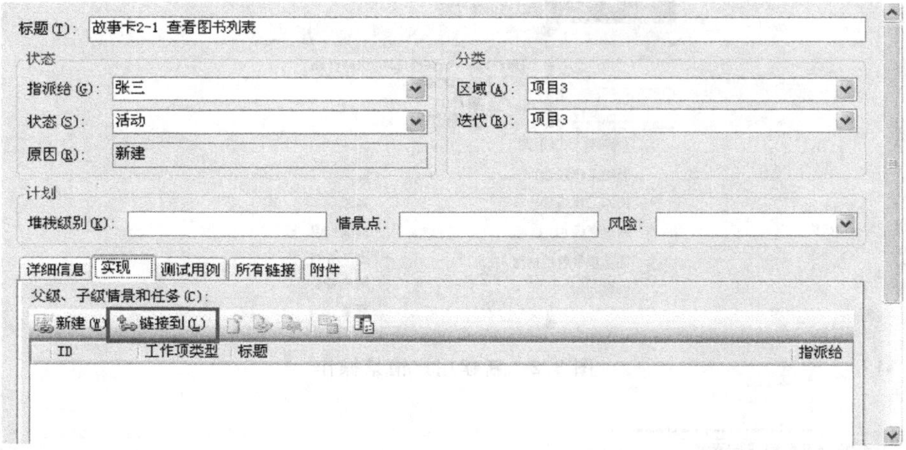

图 3.4 链接到其他用户情景操作

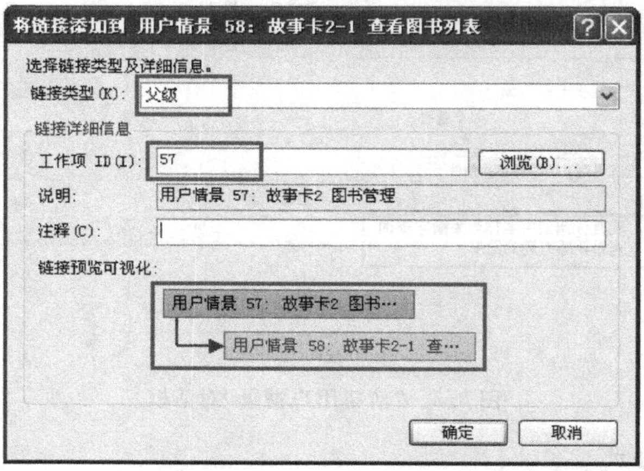

图 3.5 链接到其他用户情景对话框

从此软件产生进入了软件工程时代。这个时代出现了很多试图用一个统一的方法来表示软件开发过程的方法学，例如瀑布模型和敏捷方法等。不同的方法学在不同的领域都有成功与失败的案例，这也说明没有一个方法学可以适应所有软件项目。本书将以敏捷方法为背景介绍 Web 应用项目的开发与管理过程。软件开发过程大致可分为需求分析、设计、编码和测试几个阶段。但敏捷方法与传统软件工程方法对这几个阶段的组织形式存在区别。图 3.8 和图 3.9 分别说明了敏捷方法和传统软件工程的软件开发过程。

在传统软件过程中，上一个阶段的输出成果作为下一个阶段的输入，上一个阶段不结束，下一个阶段就不能开始，所有阶段结束后得到一个可工作的软件，客户从提出需求到最终得到软件的时间跨度比较大，从几个月到几年不等。

敏捷过程被分割成一个个周期比较短的迭代，每个迭代根据项目特点从 2 周到 6 周不等，每个迭代都包含了软件开发的整个阶段，这些阶段之间没有明确的界限，但每个迭代只需要处理当前迭代所要关心的客户的一小部分需求，每次迭代都能得到一个可以工作的软件子集，以便尽快得到用户的反馈，随着迭代进程的推进，最后可以得到一个完整的可工作

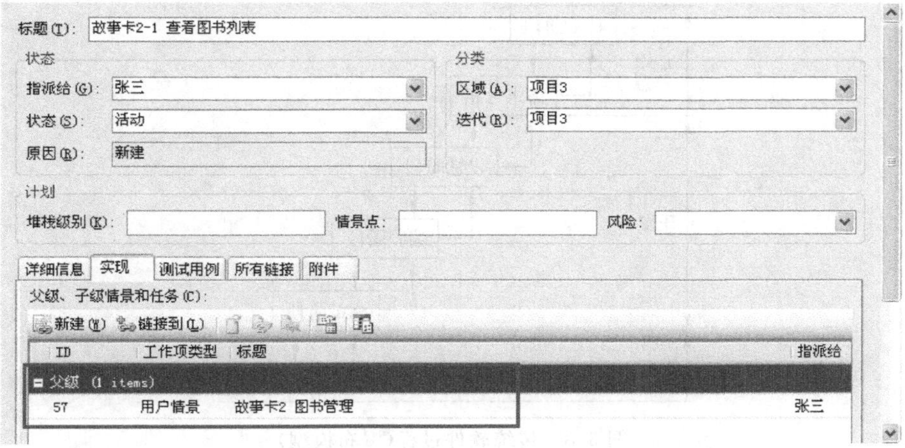

图 3.6　用户情景关系列表

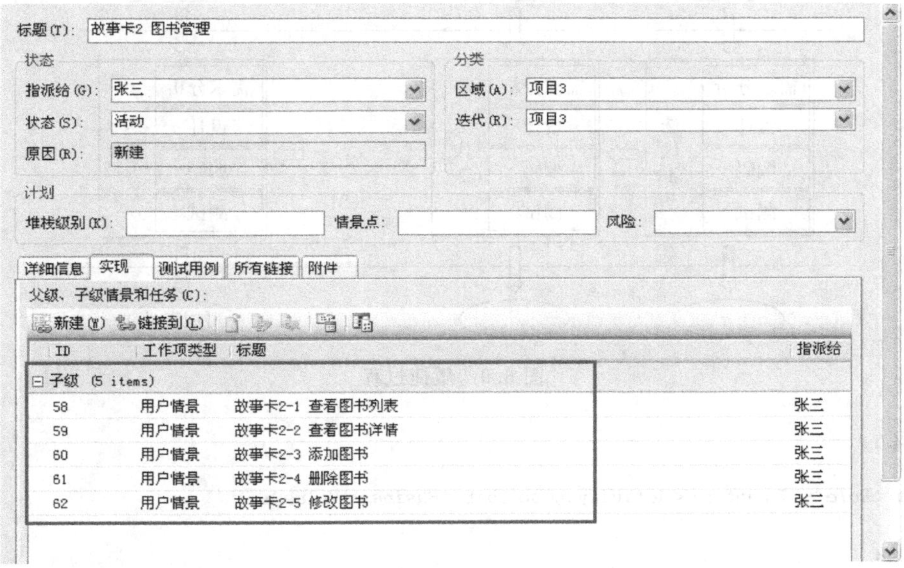

图 3.7　用户情景关系列表

的软件。

2. 用户故事

用户故事(user story)是获取用户需求的一种方式,普遍应用于敏捷开发方法中。

用户故事是从用户的角度来描述用户渴望得到的功能。一个好的用户故事包括 3 个要素：

◇ 角色：谁要使用这个功能。
◇ 活动：需要完成什么样的功能。
◇ 商业价值：为什么需要这个功能,这个功能带来什么样的价值。

用户故事通常按照如下的格式来表达：

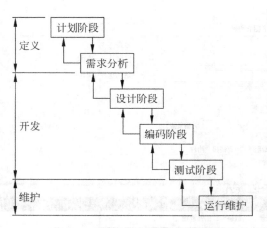

图 3.8 传统软件过程（瀑布模型）

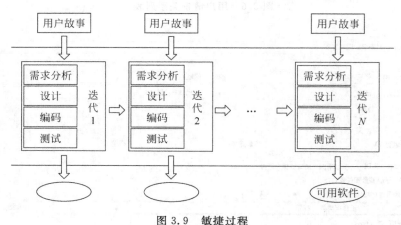

图 3.9 敏捷过程

英文：

As a <Role>, I want to <Activity>, so that <Business Value>.

中文：

作为一个<角色>，我想要<活动>，以便于<商业价值>。

下面是一个用户故事的例子：

作为一个"网站管理员"，我想要"统计每天有多少人访问了我的网站"，以便于"我的赞助商了解我的网站会给他们带来什么收益"。

有时用户故事的描述也可以打破上面的格式（格式只是一种推荐的做法），但是至少应该包含角色和活动。下面就是一个这样的例子：

用户可以在网站上发布简历，以便招聘单位能及时搜索到求职信息。

很显然，上面这则故事是有关一个求职网站的。角色是"用户"，活动是"在网站上发布简历"，商业价值是"招聘单位能及时搜索到求职信息"。

有的故事中,商业价值不太好写或者活动本身就代表了商业价值,这时也可以省略商业价值。下面就是一个这样的例子:

> 作为网站管理员,我想要编辑网站的标题。

上面这则故事,没有体现商业价值,但并不代表商业价值不存在。如果一则故事确实想不出它对客户的价值,那就要考虑客户是否真的需要这个功能。

需要注意的是用户故事不能够使用技术语言来描述,要使用用户可以理解的业务语言来描述。下面的例子就不是理想的用户故事:

> 这个软件将用C++语言来编写(客户不需要关心系统是用什么语言开发的)。
> 程序将通过连接池连接到数据库(客户没必要关心系统是怎么连接数据库的)。

那么什么样的故事才是好的故事呢?一个好的用户故事应该遵循以下原则:

- ◇ 独立性(Independent):要尽可能地让一个用户故事独立于其他的用户故事。用户故事之间的依赖使得制定计划、确定优先级、工作量估算都变得很困难。通常可以通过组合用户故事和分解用户故事来减少依赖性。
- ◇ 可协商性(Negotiable):用户故事的内容要是可以协商的,用户故事不是合同。一个用户故事卡片上只是对用户故事的一个简短的描述,不包括太多的细节。具体的细节在沟通阶段产出。一个用户故事卡带有了太多的细节,实际上限制了和用户的沟通。
- ◇ 有价值(Valuable):每个故事必须对客户具有价值(无论是用户还是购买方)。一个让用户故事有价值的好方法是让客户来写下它们。一旦一个客户意识到这是一个用户故事并不是一个契约而且可以进行协商的时候,他们将非常乐意写下故事。
- ◇ 可以估算性(Estimable):开发团队需要去估计一个用户故事以便确定优先级、工作量、安排计划。但是让开发者难以估计故事的问题来自:对于领域知识的缺乏(这种情况下需要更多的沟通),或者故事太大了(这时需要把故事切分成小些的)。
- ◇ 短小(Small):一个好的故事在工作量上要尽量短小,最好不要超过10个理想人/天的工作量,至少要确保的是在一个迭代中能够完成。用户故事越大,在安排计划、工作量估算等方面的风险就会越大。
- ◇ 可测试性(Testable):用户故事要是可以测试的,以便于确认它是可以完成的。如果一个用户故事不能够测试,那么就无法知道它什么时候可以完成。一个不可测试的用户故事例子:软件应该是易于使用的。

关于用户故事,Ron Jeffries用3个C来描述它:

- ◇ 卡片(Card):用户故事一般写在小的记事卡片上。卡片上可能会写上故事的简短描述、工作量估算等。
- ◇ 交谈(Conversation):用户故事背后的细节来源于和客户或者产品负责人的交流沟通。
- ◇ 确认(Confirmation):通过验收测试确认用户故事被正确完成。

"卡片"包含用户故事的文字描述,然而需求细节要在"对话"中获得,并在"确认"部分得以记录。

3. 用户故事与角色的获取

1) 角色的获取

用户故事的第一个要素就是角色。通常一个软件系统会有许多不同类型的用户,即角色。例如，一个招聘网站可能会有这些类型的用户：求职者、工作发布者、网站管理员等。那么，如何获取这些角色呢？下面列出了可行的几个步骤：

- 通过头脑风暴，列出初始的用户角色集合
- 整理最初的角色集合
- 整合角色
- 提炼角色

为了识别用户角色，客户和开发人员聚在一个房间里，房间里需要一张大桌子和一堵墙。通过客户对需求的描述，所有人开始在卡片上写下自己认为应该有的角色，然后开始第一轮讨论，讨论过程中每个人说出自己的角色和理由。

接下来需要整理这些角色。在桌子上根据角色的关系摆放卡片，角色重叠的就把卡片重叠，角色交错的就将卡片交叠在一起，角色独立的就单独摆放。

在角色分组完成后，试着整合及浓缩角色。效果相同的角色合并成一个单一的角色，去掉对系统不太重要的角色，最后桌面上应该是一些单独摆放的没有重叠的角色卡片。

一旦整理好角色，就可以对角色的特征进行定义以建立角色模型。

2）故事的搜集

因为故事会随着项目的进展而演进，所以需要一些可以反复使用的方法来搜集故事。以下是一些有用的故事搜集方法：

- 用户访谈
- 问卷调查
- 观察
- 故事编写工作坊

用户访谈和问卷调查是大家所熟知的获取需求的方法，这里不再重复。观察是指软件初始版本发布后，由开发人员观察用户使用软件的过程和习惯以发现新的需求。故事编写工作坊是开发人员、用户和其他对编写故事有帮助的人共同参加的会议。在工作坊期间，参与人员编写尽可能多的故事。这种方法是效率最高的方法。

4. 何时获取用户故事的细节

辨别传统软件过程和敏捷过程最简单的方法之一，是看它们搜集需求的方式。传统软件过程的特征是它过分强调在项目的早期正确地获取并写出所有的需求。与此不同的是，敏捷项目则承认没有一种理想的方法可以在一个单一的阶段获取到所有的用户故事。

软件开发过程中唯一不变的就是变化。软件需求随时会发生变化。敏捷项目承认这种变化并允许这种变化，它以一种很好的方式来应对变化，这是敏捷方法的重要特性之一。而变化对于传统软件过程则是灾难性的。

用户故事只是代表客户需求而不是记录需求，以便日后需要时与客户进行交流来确定细节。敏捷方法杜绝浪费，没有必要为将来可能发生变化的用户故事而提前讨论它的细节，除非现在正在实现这个故事。假设一个招聘网站有这样一个故事："用户可以搜索工作"。说起来很容易，但仅以这句话为指南着手开发和测试是困难的。细节在哪里呢？这个故事中有很多疑问要与客户来讨论，例如下面这些：

- 用户可以搜索哪些值？身份？城市？职位？关键字？

◇ 用户必须是网站的注册会员吗？
◇ 搜索参数可以保存吗？
◇ 要显示哪些与工作有关的信息？

许多这些细节问题可以用另外的用户故事来描述。事实上，多个小故事远远胜于一个庞大的故事。如果一个故事很大，则称之为史诗故事（Epic）。史诗故事可以分成多个小故事。例如，"用户可以搜索工作"可以分成下面的几个小故事。

◇ 用户可以通过地区、薪水范围、职位、公司名和发布日期之类的属性来搜索工作。
◇ 用户可以查看搜索结果中每个工作的详细信息。
◇ 用户可以查看发布工作的公司的详细信息。

不要提前记录下用户故事的细节，而是等到开发团队开始实现这个故事时才与客户进行讨论。谁也无法在3个月后指着卡片说"这个故事在3个月前就确定了！"，毕竟用户故事不是契约。那么，什么时候一个用户故事才算完成了呢？这将由测试来记录，这些测试将演示故事是否被正确的开发。

5. 故事的估算和优先级

一个用户故事需要多长时间才能完成呢？这个问题没有明确的答案。不同熟练程度的人开发一个用户故事用的时间是不一样的。不同大小的故事，估算的时间准确度也是不一样的，越大的故事估算越不准确。故事的估算很大程度上依赖于经验，经验越丰富，估算越准确。

不同团队使用的时间单位也不一样，有的团队用天，有的团队用小时，还有的团队用周。在估算故事时，通常忽略单位，而用故事点来表示估算值。故事点本身的值并不重要，重要的是故事之间故事点的相对关系。一个标记为两个故事点的故事所花的时间应该是标记为一个故事点的故事的两倍。

用户故事的优先级表示客户对用户故事现实的急切程度。优先级可以用数字来表示，优先级高的用户故事应该优先开发。

6. 验收测试

验收测试用来验证实现的用户故事是否符合客户的期望。当一轮迭代开始时，开发人员开始编码，同时测试人员开始测试。测试的类型有很多，其中的验收测试主要来源于故事卡背面记录下来的测试描述。

测试应尽早的在迭代中编写（如果能大致猜到即将开始的迭代会产生什么，就可以在迭代开始前编写测试）。早期编写测试有利于开发人员更早地了解客户的假设和预期。例如，假设有这样的用户故事："用户可以用信用卡为购物车中的物品付款"。然后在故事卡背面写下这些简单的测试描述：

◇ 用 Visa 信用卡、万事达信用卡和美国运通卡测试（通过）。
◇ 用大来卡测试（失败）。
◇ 用 Visa 借记卡测试（通过）。
◇ 用有效、无效和反面丢失 ID 号的信用卡测试。
◇ 用过期的卡测试。
◇ 用不同购买金额测试（包括超出信用卡额度）。

这些测试捕获了这样的预期：系统可以处理 Visa 卡、万事达卡和美国运通卡，不允许用其他卡购买。尽早把这些测试交给开发人员，客户不仅澄清了他们的预期，也同时提醒了开发人员可能忘记的情形。例如,开发人员可能忘记了考虑过期卡的处理。

写验收测试的好处有很多,其中之一就是客户和开发人员讨论的细节可以通过验收测试记录在故事卡背面。任何时候发现新的测试,都可以记录到故事卡的背面。验收测试也提供了确认故事是否被正确、完整实现的基本标准。有了这样的标准,开发人员就知道什么时候某件事算是做完了。

最后要强调的是测试应该由客户来定义,因为只有客户自己知道他们对系统的预期。当然,开发团队中应该有人去帮助客户来完成这件事情。

任务二　迭代计划

【技能目标】
- 学会制定发布计划;
- 学会制定迭代计划。

【知识目标】
- 理解发布计划的概念;
- 理解迭代计划的概念。

一、任务实施

1. 任务分解

迭代计划阶段会对本轮迭代中的用户故事进行详细讨论,并将用户故事的实现分解为具体的工作任务,工作任务必须分配到具体团队成员。本项目比较简单,所有故事在一轮迭代中完成。表 3.1 展示了一轮迭代的所有工作任务分解。

表 3.1 任务分解

用户故事	任 务 分 解	责任人
故事 1	创建团队项目	张三
	创建图书实体数据模型	张三
	创建图书查询控制器	张三
	创建图书查询视图	张三
故事 2-1	创建图书管理控制器的列表操作方法	李四
	创建图书列表视图	李四
故事 2-2	创建图书详情操作方法	李四
	创建图书详情视图	李四
故事 2-3	创建图书管理控制器的添加操作方法	李四
	创建图书添加视图	李四
故事 2-4	创建图书管理控制器的删除操作方法	李四
	创建图书删除确认视图	李四
故事 2-5	创建图书管理控制器的编辑操作方法	李四
	创建图书编辑视图	李四

在实现故事之前要为团队创建工作的环境,包括基础项目结构、数据模型和各种引用的组件及其配置,这主要由团队的架构师来完成。

2. 任务管理

接下来要将分解出的工作任务全部输入到 TFS,以便对工作任务进行跟踪管理。在"团队资源管理"窗口中的"工作项"节点上右击,在弹出的菜单中选择"新建工作项→任务"命令,如图 3.10 所示。

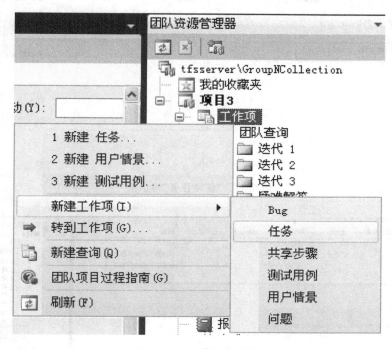

图 3.10　新建任务操作

在"新建任务"对话框中输入任务相关的信息,包括标题、活动、指派给及详细信息等,如图 3.11 所示。

以同样的方法将所有工作任务全部输入至 TFS 保存,并分配给具体成员。每个团队成员登录到 TFS 后都可以查询自己的任务。在"团队资源管理器"窗口中双击"我的任务"节点,可以看到自己的任务类表,如图 3.12 所示。

二、相关知识

1. 发布计划

在确定了所有的用户故事及其估算和优先级后,就可以指定发布计划了。所谓发布计划就是根据团队速率将按优先级排好的用户故事安排到多伦迭代中。团队速率是指团队在一轮迭代中能完成的故事点数。团队速率取决于团队能力和迭代周期的长短。表 3.2 是一个根据优先级排好的故事列表。

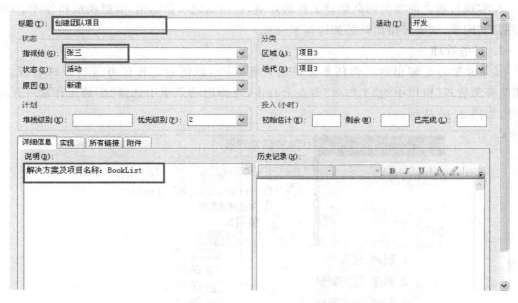

图 3.11 "新建任务"对话框

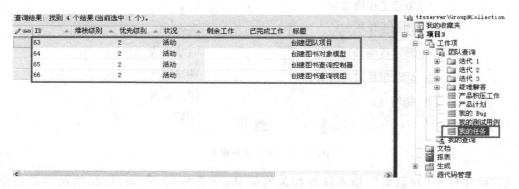

图 3.12 "我的任务"查询

表 3.2 示例故事及其成本

故事	故事点数
故事 A	3
故事 B	5
故事 C	5
故事 D	3
故事 E	1
故事 F	8
故事 G	5
故事 H	5
故事 I	5
故事 J	2

假设开发团队的预期速率是 13，没有迭代可以完成多于 13 个故事点的故事。表 3.3 显示了一个可能的发布计划。

表 3.3 用户故事的发布计划

迭代	故事	故事点数
迭代 1	A、B、C	13
迭代 2	D、E、F	12
迭代 3	G、H、J	12
迭代 4	I	5

估算很少会非常准确，无须为迭代之间的细微故事点的差异而担心。注意，在第三轮迭代中，客户团队实际上选择了故事 J 而不是优先级更高的故事 I，这是因为故事 I 需要 5 个故事点，在第三轮迭代中实现的话太大了。

2. 迭代计划

利用发布计划，将粗粒度的故事分配到发布计划中的多轮迭代。这种层次的计划不包含很多的细节，可以避免给出精确需求的错觉，却足以根据它开始行动。然而，在开始一轮迭代的时候，再做进一步的计划也很重要。

整个团队通过举行迭代计划会议来为下本轮迭代做计划。客户以及团队中的所有开发人员都要参加这个会议。由于团队将仔细研究用户故事，所以毫无疑问他们会有很多问题。他们需要客户随时回答这些问题。

迭代计划会议的一般内容如下：
◇ 讨论故事。
◇ 从故事中分解出任务。
◇ 开发人员承担每个故事的职责。
◇ 讨论所有故事，并且接受所有任务后，开发人员单独估计他们承担的任务，以确保他们不会做出过于乐观的承诺。

客户可能会临时调整故事的优先级，迭代计划会议是客户提出这个要求的最佳时机。迭代一旦开始，客户不得再提出调整故事的要求，除非终止这轮迭代，重新做计划。

尽管有的故事很小，小到可以作为独立的工作单位。但将它们分解出更小的任务，更符合项目的需要。首先，对于团队来说，实现故事的开发人员不止一个。需要由多个开发人员共同完成故事，这要么是因为开发人员在某些特定技术上的专业性，要么是因为工作划分是完成故事的最快途径。

其次，故事是对用户或客户有价值的功能描述，它们并不是开发人员的待办事项。把故事分解成任务有助于发现那些可能会被遗忘的任务。由于整个小组在一起工作，依靠的是集体的智慧，不可能所有人都把某个任务给遗忘了。

敏捷过程为人诟病的地方之一就是，它没有像瀑布过程那样的前期设计步骤。这是事实，敏捷没有前期设计阶段，敏捷过程的特点是做频繁的短期设计。当脑海里至少有一个最小的设计方案时，才可能从故事中分解出任务。所以，一个故事的任务分解其实是及时设计中的一次短脉冲，而这些短脉冲的集合取代了瀑布过程的前期设计阶段。

作为从故事中分解出任务的例子，假设有一个故事"用户可以根据不同的字段搜索酒

店"。该故事可以转化为以下任务:
- ◇ 编写基本搜索界面。
- ◇ 编写高级搜索界面。
- ◇ 编写搜索结果的显示界面。
- ◇ 为支持基本搜索查询数据库编写 SQL 语句。
- ◇ 为支持高级搜索查询数据库编写 SQL 语句。
- ◇ 在帮助系统和用户指南里写下新功能的文档。

一旦确定故事的所有任务,就需要有团队成员自愿执行每个任务。确保完成任务团队中每个人的职责。团队要有一种"同舟共济"的心态。在迭代快要结束时,如果有人不能完成他接手的任务时,团队中的其他成员应该尽量勇于承担。

虽然任务是由每个人认领并承担责任的,但在迭代期间,可以根据实际情况进行调整。团队是一个整体,在迭代结束时,不应该有人说:"我完成了我的工作,但是 Tom 还有一些任务没有完成"。

为了跟踪每个开发人员的工作进展,迭代计划会议结束时,应该可以得到表 3.4 所示的迭代计划表。

表 3.4 任务跟踪表

任 务	责任人	估算时间
编写基本搜索界面	张三	4
编写高级搜索界面	张三	6
编写搜索结果的显示界面	张三	2
为支持基本搜索查询数据库编写 SQL 语句	李四	4
为支持高级搜索查询数据库编写 SQL 语句	李四	8
在帮助系统和用户指南里写下新功能的文档	王五	10

任务三 团队项目及模型的创建

【技能目标】
- ➢ 学会用代码优先模式创建实体数据模型;
- ➢ 学会编写数据上下文类;
- ➢ 学会配置链接字符串;
- ➢ 学会编写数据库初始化类。

【知识目标】
- ➢ 理解数据上下文类的概念;
- ➢ 了解 Entity Framework 框架。

一、任务实施

1. 创建团队项目

新建一个名为 BookList 的 ASP.NET MVC 3 项目,在"新建项目"对话框中直接选中

"添加到源代码管理"选项,可以在项目创建好后直接将项目提交至 TFS 服务器。如图 3.13 所示,当出现"向源代码管理中添加解决方案"对话框时,将团队项目位置选择为"项目 3"。

图 3.13 "向源代码管理中添加解决方案"对话框

> **注意**
>
> 这是一个团队项目,团队项目位置选择项目 3 根目录。项目创建好后,不要忘了将 packages 目录也提交至服务器,特别是在引用了第三方组件时。

最后需要执行签入操作才能将项目真正保证到 TFS 上。如图 3.14 所示,在签入之前先单击"工作项"按钮,在查询框中选择查询,找到"我的任务",切换到任务列表,选中"创建团队项目"任务所在行,然后再进行签入操作。

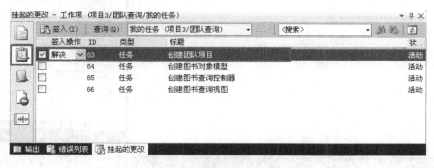

图 3.14 任务关联签入

> **注意**
>
> 当项目应用了"签入策略"后,签入前要确保项目生成成功,每次签入操作都必须与项目的工作项相关联,否则不允许签入。签入时将自己的工作成果与相应的工作项相关联,这样才能使团队对任务进行跟踪管理。签入操作有两种选择:关联和解决。只有签入可以彻底

完成某个任务时才选择"解决"签入操作。

2. 创建图书实体数据模型

如图 3.15 所示,在解决方案资源管理器中的 Models 目录上右击,在快捷菜单中选择"添加→类"命令。

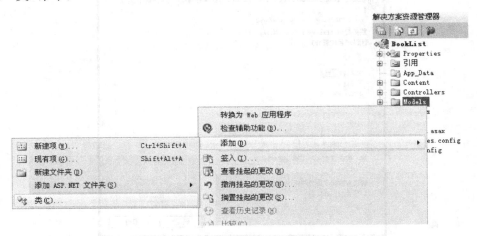

图 3.15　添加模型类操作

在"添加新项"对话框中将类文件命名为"Book.cs",如图 3.16 所示,添加模型类成功后 VS 2010 会自动打开类文件,以供编辑。

图 3.16　Book 类编辑界面

知识解析

在之前的项目中,使用的是"数据库优先"方式来建立实体数据模型,在本项目中将使用 EF 实体框架的"代码优先"方式来创建实体数据模型。

使用"代码优先"方式创建实体数据模型主要有以下几项任务:

(1) 编写实体模型对象类;
(2) 编写数据上下文类;
(3) 设置连接字符串。

在"代码优先"模式下,可以通过编写简单的类来创建模型对象,而数据库的创建则由 EF 实体框架自动创建。

将 Book 类代码更改为代码清单 3.1 所示的代码。

代码清单 3.1

```
8     public class Book
9     {
10        public int id { get; set; }              //图书ID
11        public string isbn { get; set; }         //ISBN
12        public string bookName { get; set; }     //书名
13        public string author { get; set; }       //作者
14        public string press { get; set; }        //出版社
15        public DateTime pressDate { get; set; }  //出版日期
16        public double price { get; set; }        //价格
17        public string barcode { get; set; }      //条形码
18        public string size { get; set; }         //尺寸
19        public double weight { get; set; }       //重量
20        public int format { get; set; }          //开本
21    }
```

代码分析

Book 类对应着数据库中的图书表,每一个 Book 类的实例对象将对应于数据库中图书表的每一个记录行,Book 类的每一个属性对应于数据库中图书表的相应的列字段。

3. 创建数据上下文类

在 Models 目录下添加一个名为 BookDBContext 的类。并将类代码修改成代码清单 3.2 所示的代码。

代码清单 3.2

```
1     using System;
2     using System.Collections.Generic;
3     using System.Linq;
4     using System.Web;
5     using System.Data.Entity;
6
7     namespace BookList.Models
8     {
9         public class BookDBContext:DbContext
10        {
11            public DbSet<Book> books { get; set; }
12        }
13    }
```

代码分析

BookDBContext 类代表了实体框架中图书数据的上下文,这个类负责提取、存储和更新 Book 类在数据库中对应的实例数据。

BookDBContext 类从 DbContext 类继承，DbContext 类由 EF 实体框架提供。所以，在上述代码的第 5 行中需要使用 using 语句将 EF 实体框架的命名空间引入。

4. 创建连接字符串

打开应用程序根目录下的 Web.config 文件（注意不是 Views 目录下的 Web.config 文件）。将下面的连接字符串添加到 Web.config 文件中的＜connectionStrings＞元素下。

```
< add name = "BookDBContext"
      connectionString = "Data Source = |DataDirectory|Books.sdf"
      providerName = "System.Data.SqlServerCe.4.0"/>
```

代码清单 3.3 列出了添加了上述代码后的 Web.config 文件的一部分代码。

代码清单 3.3

```
<configuration>
  <connectionStrings>
    <add name="BookDBContext"
      connectionString="Data Source=|DataDirectory|Books.sdf"
      providerName="System.Data.SqlServerCe.4.0"/>
    <add name="ApplicationServices"
      connectionString="data source=.\SQLEXPRESS;Integrated Security
      providerName="System.Data.SqlClient" />
  </connectionStrings>
```

知识解析

BookDBContext 类负责在需要的时候连接数据库，并且管理着 Book 对象实例和数据库中图书表记录行之间的映射关系。那么 BookDBContext 类要连接到哪个数据库呢？这个信息要在 Web.config 文件中指定。

5. 填充测试数据

由于数据库在创建时并没有数据，这里需要让数据库在创建的时候自动填入一些测试数据。

在 Models 目录下添加一个新类 DBInitializer，将其代码替换为代码清单 3.4 所示的代码。

代码清单 3.4

```
1   using System;
2   using System.Collections.Generic;
3   using System.Linq;
4   using System.Web;
5   using System.Data.Entity;
6
7   namespace BookList.Models
8   {
9       public class DBInitializer:DropCreateDatabaseIfModelChanges<BookDBContext>
10      {
11          protected override void Seed(BookDBContext context)
12          {
13              List<Book> blist = new List<Book>()
14              {
15                  new Book(){
16                      isbn="9787302287537",
17                      bookName="ASP.NET从入门到精通(第3版)",
18                      author="明日科技",
```

```
19                      press="清华大学出版社",
20                      pressDate=DateTime.Parse("2012-9-1"),
21                      price=89.80,
22                      size="25.8 x 20.2 x 4.4 cm",
23                      weight=1.6,
24                      format=16
25                  },
26                  new Book(){
27                      isbn="9787302264538",
28                      bookName="Visual C#程序设计基础",
29                      author="徐安东",
30                      press="清华大学出版社",
31                      pressDate=DateTime.Parse("2012-1-1"),
32                      price=29.00,
33                      size="25.8 x 18.2 x 1.4 cm",
34                      weight=0.458,
35                      format=16
36                  }
37              };
38              blist.ForEach(b => context.books.Add(b));
39          }
40      }
41  }
```

上述代码中的 Seed 方法指定了要自动添加到数据库中的测试数据。

DBInitializer 类并不会自动运行,这需要在 Global.asax 文件中的 Application_Start 方法中将其启动。打开 Global.asax 文件,首先要使用 using 语句在该文件中引入以下两个命名空间:

using System.Data.Entity;
using BookList.Models;

然后找到 Application_Start 方法,在该方法的第 1 行加入以下语句:

Database.SetInitializer<BookDBContext>(new DBInitializer());

Application_Start 方法的部分代码如代码清单 3.5 所示。

代码清单 3.5

```
34      protected void Application_Start()
35      {
36          Database.SetInitializer<BookDBContext>(new DBInitializer());
37
38          AreaRegistration.RegisterAllAreas();
39          RegisterGlobalFilters(GlobalFilters.Filters);
40          RegisterRoutes(RouteTable.Routes);
41      }
```

完成以上步骤的内容后,需要将项目重新生成一下,如果没有编译错误,需要将对项目的修改签入到 TFS 中,以便团队中其他成员下载使用。

二、相关知识:Entity Framework 约定

安装了 ASP.NET MVC 3 Tools Update 之后,新建的 ASP.NET MVC 3 项目会自动包含对实体框架(Entity Framework,EF)4.1 版本的引用。EF 是一个对象关系映射框架,它不但知道如何在关系型数据库中保存.NET 对象,而且还可以利用 LINQ 查询语句检索那些保存在关系数据库中的.NET 对象。

EF4.1 支持代码优先的开发模式。代码优先是指可以在不创建数据库、也不打开

Visual Studio 设计器的情况下在 SQL Server 中存储或检索信息。可以编写纯 C#类,因为 EF 知道如何将这些类的实例存储到正确的位置。

为了使开发变得更轻松,EF 像 ASP. NET MVC 一样,遵守了很多约定。例如,如果想把一个 Book 类型的对象存储到数据库中,那么 EF 就假设是把数据存储在数据库中的一个名为 Books 的表中;如果要存储的对象中有一个名为 ID 的属性,那么 EF 就假设这个属性值就是主键值,并把这个值赋值给 SQL Server 中对应的自动递增(标识)键列。

1. 主键约定

如果一个类中有一个属性的名称符合以下两个要求中的任何一个,那么代码优先模式将自动推断这个属性为主键:

- 属性名称为 ID(大小写不敏感)
- 属性的名称为"类名+ID"

如下面的 Department 类的 DepartmentID 属性即为主键属性:

```
public class Department
{
    // 主键
    public int DepartmentID { get; set; }
    ...
}
```

主键属性通常是整形或 GUID 类型。

2. 对象关系约定

在实体框架中,导航属性为在两个实体类型之间的关系描述提供了途径。任何对象都可以拥有一个表示它和其他对象关系的导航属性。导航属性可以允许在实体对象之间进行双向导航和关系的管理,以便引用单个对象(1-1 或 0-1 关系)或者集合(1-n 关系)。代码优先模式基于类型中定义的导航属性来推断对象之间的关系。

除了导航属性,还建议在类型中包含一个外键属性的定义以表示对主体的依赖关系。任何与主体类主键属性具有相同类型并且在名称上符合以下任何一个格式的属性,就称为外键属性:

- 导航属性名+主体类主键名
- 主体类类名+主体类主键名
- 主体类主键属性名

如果存在多重匹配,那么根据上述列表的顺序进行匹配。外键检测是大小写不敏感的。当检测到外键属性时,代码优先模式会基于外键的类型是否可空性来推断关系的多重性。如果外键类型允许为 null,那么关系被推断为可选的;否则,关系被推断为必需的。

如果外键在依赖实体中不能为空(null),那么代码优先会启用级联删除。相反,则不会启用级联删除,当主体对象被删除时,外键属性被置为 null。通过约定检测到的多重性和级联删除行为也可以使用 fluent API 进行覆盖。

下面的例子演示了如何使用导航属性和外键定义 Department 类和 Course 类之间的关系。

```
public class Department
```

```csharp
{
    // 主键
    public int DepartmentID { get; set; }
    public string Name { get; set; }

    // 导航属性
    public virtual ICollection<Course> Courses { get; set; }
}

public class Course
{
    // 主键
    public int CourseID { get; set; }

    public string Title { get; set; }
    public int Credits { get; set; }

    // 外键
    public int DepartmentID { get; set; }

    // 导航属性
    public virtual Department Department { get; set; }
}
```

3. 复合类型约定

如果当一个类没有定义主键，也没有通过其他辅助方法定义主键，那么这个类会被当作复合类型看待。一个类被推断为复合类型，还需要满足以下条件：

◇ 类型中没有引用其他实体类型的属性
◇ 其他实体类型中没有通过集合属性引用该类型

下面给出复合类型的示例，Details 类会被推断为复合类型。

```csharp
public partial class OnsiteCourse : Course
{
    public OnsiteCourse()
    {
        Details = new Details();
    }
    public Details Details { get; set; }
}
public class Details
{
    public System.DateTime Time { get; set; }
    public string Location { get; set; }
    public string Days { get; set; }
}
```

4. 类型发现约定

当使用代码优先模式开发应用程序时，都会从编写代表概念模型的 C# 类开始。除此之外，还需要定义一个从 DBContext 派生的类。在派生类中还要用 DBSet 类型定义一系列想要包含到模型中的数据集属性。下面的代码演示了一种可能的情况。

```
public class SchoolEntities : DbContext
{
    public DbSet<Department> Departments { get; set; }
}
public class Department
{
    // 主键
    public int DepartmentID { get; set; }
    public string Name { get; set; }
    // 导航属性
    public virtual ICollection<Course> Courses { get; set; }
}
```

称上述代码中的 SchoolEntities 类为数据上下文类。它的作用相当于数据库,只要创建这个类的实例,就可以从其中以对象形式存取数据。

5. 连接字符串约定

代码优先模式能自动处理.NET 实体类在数据库中的存取问题,但实体框架如何知道连接到数据库以及以什么方式连接到数据库呢?

通常使用 EF 实体框架的应用程序都会定义一个继承自 DBContext 类的派生类,这里假设这个派生类的类名为 BookDBContext。根据约定,只要在 Web.config 配置文件中的<connectionStrings>节点下定义一个名称与派生类名相同的链接字符串,下面是一个实际的示例。

```
<add name = "BookDBContext"
     connectionString = "Data Source = |DataDirectory|Books.sdf"
     providerName = "System.Data.SqlServerCe.4.0"/>
```

任务四 图书查询功能的实现

【技能目标】
➢ 学会使用 LINQ 查询操作查询数据。
【知识目标】
➢ 理解 LINQ 查询操作的概念。

一、任务实施

1. HomeController 控制器编码

用户希望一打开站点主页就显示图书查询界面,所以这一部分不会创建新的控制器,而是使用系统自动创建的 HomeController 类。

修改 HomeController 类的代码为代码清单 3.6 所示的代码。

代码清单 3.6

```
1  using System;
2  using System.Collections.Generic;
3  using System.Linq;
4  using System.Web;
5  using System.Web.Mvc;
6  using BookList.Models;
7
8  namespace BookList.Controllers
9  {
10     public class HomeController : Controller
11     {
12         private BookDBContext db = new BookDBContext();
13         public ActionResult Index(string bookname)
14         {
15             var blist = db.books.Where(b => b.bookName.Contains(bookname));
16             return View(blist);
17         }
18     }
19  }
```

代码分析

第 6 行代码引入模型所在命名空间。

第 12 行代码创建一个数据上下文对象 db，通过 db 可以访问所有数据集。

第 15 行代码使用 LINQ 操作来查询图书名中包含 bookname 的所有图书。

2. 创建 Index 视图

项目在创建时已经为 HomeController 控制器的 Index 操作方法创建了视图，这里需要在解决方案资源管理器中将 Views/Home 文件夹下的视图全部删除，并重新添加 Index 视图。添加 Index 视图时，在"添加视图"对话框中如图 3.17 所示进行设置。

图 3.17 "添加视图"对话框

视图文件 Index.cshtml 的内容如代码清单 3.7 所示。

代码清单 3.7

```
1   @model IEnumerable<BookList.Models.Book>
2
3   @{
4       ViewBag.Title = "Index";
5   }
6
7   <h2>Index</h2>
8
9   <p>
10      @Html.ActionLink("Create New", "Create")
11  </p>
12  <table>
13      <tr>
14          <th>
15              isbn
16          </th>
17          <th>
18              bookName
19          </th>
20          <th>
21              author
22          </th>
23          <th>
24              press
25          </th>
26          <th>
27              pressDate
28          </th>
29          <th>
30              price
31          </th>
32          <th>
33              size
34          </th>
35          <th>
36              weight
37          </th>
38          <th>
39              format
40          </th>
41          <th></th>
42      </tr>
43
44  @foreach (var item in Model) {
45      <tr>
46          <td>
47              @Html.DisplayFor(modelItem => item.isbn)
48          </td>
49          <td>
50              @Html.DisplayFor(modelItem => item.bookName)
51          </td>
52          <td>
53              @Html.DisplayFor(modelItem => item.author)
54          </td>
55          <td>
56              @Html.DisplayFor(modelItem => item.press)
57          </td>
58          <td>
59              @Html.DisplayFor(modelItem => item.pressDate)
60          </td>
61          <td>
62              @Html.DisplayFor(modelItem => item.price)
63          </td>
64          <td>
65              @Html.DisplayFor(modelItem => item.size)
66          </td>
67          <td>
68              @Html.DisplayFor(modelItem => item.weight)
69          </td>
70          <td>
71              @Html.DisplayFor(modelItem => item.format)
72          </td>
```

```
73          <td>
74              @Html.ActionLink("Edit", "Edit", new { id=item.id }) |
75              @Html.ActionLink("Details", "Details", new { id=item.id }) |
76              @Html.ActionLink("Delete", "Delete", new { id=item.id })
77          </td>
78      </tr>
79  }
80
81  </table>
```

💡 代码分析

第 47 行中 @Html.DisplayFor(modelItem => item.isbn) 表达式的功能在此处等效于 @item.isbn，即输出图书对象的 isbn 属性值。

以上代码是采用了"List"支架模板后自动生成的视图代码，系统自动根据 Book 模型的属性生成输出图书列表的表标记。对代码做适当的修改，增加查询表单，并删除一些不需要的标记，最终代码如代码清单 3.8 所示。

代码清单 3.8

```
1   @model IEnumerable<BookList.Models.Book>
2
3   @{
4       ViewBag.Title = "图书查询";
5   }
6   @using (Html.BeginForm("index", "home", FormMethod.Get))
7   {
8       <p>图书名称：@Html.TextBox("bookname")<br />
9       <input type="submit" value="查询" /></p>
10  }
11  <table>
12      <tr>
13          <th>ISBN</th>
14          <th>书名</th>
15          <th>作者</th>
16          <th>出版社</th>
17          <th>出版日期</th>
18          <th>定价</th>
19          <th>尺寸</th>
20          <th>重量</th>
21          <th>开本</th>
22      </tr>
23  @foreach (var item in Model) {
24      <tr>
25          <td>@Html.DisplayFor(modelItem => item.isbn)</td>
26          <td>@Html.DisplayFor(modelItem => item.bookName)</td>
27          <td>@Html.DisplayFor(modelItem => item.author)</td>
28          <td>@Html.DisplayFor(modelItem => item.press)</td>
29          <td>@Html.DisplayFor(modelItem => item.pressDate)</td>
30          <td>@Html.DisplayFor(modelItem => item.price)</td>
31          <td>@Html.DisplayFor(modelItem => item.size)</td>
32          <td>@Html.DisplayFor(modelItem => item.weight)</td>
33          <td>@Html.DisplayFor(modelItem => item.format)</td>
34      </tr>
35  }
36  </table>
```

❗ 注意

为了排版方便，以上代码做了适当压缩，实际编程中无须这样做。

3. 修改布局页

修改布局页中的应用程序名称和导航链接部分，以适应程序的需要，部分代码如代码清单 3.9 所示。

代码清单 3.9

```
11          <div id="title">
12              <h1>@ViewBag.Title</h1>
13          </div>
14          <div id="logindisplay">
15              @Html.Partial("_LogOnPartial")
16          </div>
17          <div id="menucontainer">
18              <ul id="menu">
19                  <li>@Html.ActionLink("主页", "Index", "Home")</li>
20                  <li>@Html.ActionLink("管理", "Index", "Book")</li>
21              </ul>
22          </div>
```

调试运行项目,运行效果如图 3.18 所示。

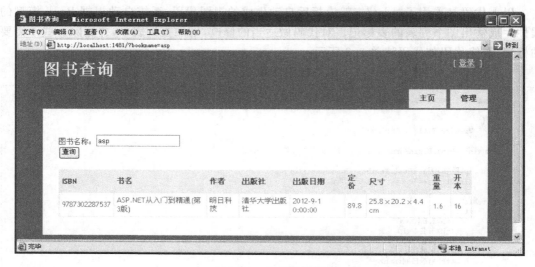

图 3.18　运行效果图

项目运行后,回到 VS 2010 的解决方案资源管理器,展开 App_Data 目录,如图 3.19 所示,你会发现多了一个名为 Books.sdf 的数据库文件(如果没有请单击"显示所有文件"按钮,再单击"刷新"按钮)。这个文件是 EF 实体框架自动根据模型类而创建的数据库。

图 3.19　Books.sdf 数据库文件

二、相关知识

1. LINQ 查询操作

LINQ 不仅提供了基本查询表达式,而且还提供了很多查询操作,如筛选操作、投影操作、集合操作、聚合操作等。通过这些操作,可以更加方便、快捷地操作序列。LINQ 提供的查询操作大多数都在序列(实现了 Ienumerable<T> 或 Iqueryable<t> 接口)之上有效。LINQ 提供的查询操作大致可以分为筛选操作、投影操作、排序操作、聚合操作、集合操作、元素操作、数据类型转换操作、生成操作、限定符操作、数据分区操作、联接操作、相等操作、串联操作等。常用查询操作如表 3.5 所示。

表 3.5　LINQ 常用查询操作

操作	描　　述
All	检测序列中的所有元素是否都满足指定的条件。如果满足返回 true,否则返回 false
Any	检测序列中是否存在满足指定条件的元素。如果存在返回 true,否则返回 false
AsEnumerable	可以将数据源转换为 IEnumerable<T>类型的序列
AsQueryable	可以将数据源转换为 IQueryable<T>类型的序列
Average	计算序列中元素的平均值
Contains	检测序列中是否存在指定的元素。如果存在返回 true,否则返回 false
Count	计算序列中元素的数量,或者计算序列满足一定条件的元素的数量
Distinct	可以去掉数据源中的重复的元素,并返回一个新序列
ElementAt	返回集合中指定索引处的元素
Empty	
Except	可以计算两个集合的差集(在一个集合中而不在另一个集合中的元素集合)
First	返回集合中的第一个元素,或者返回集合中满足指定条件的第一个元素
Intersect	可以计算两个集合的交集(在一个集合中而又在另一个集合中的元素集合)
Last	返回集合中的最后一个元素,或者返回集合中满足指定条件的最后一个元素
LastOrDefault	
Max	计算序列中元素的最大值
Min	计算序列中元素的最小值
OrderBy	根据关键字对序列中的元素按升序排序
OrderByDescending	根据关键字对序列中的元素按降序排序
Reverse	将序列中的元素的顺序进行反转
Select	将数据源中的元素投影到新序列中,并指定元素的类型和表现形式
Single	返回集合的唯一元素,或者返回集合中满足指定条件的唯一元素
Sum	计算序列中元素的总和
ThenBy	根据次要关键字对序列中的元素按升序排序
ThenByDescending	根据次要关键字对序列中的元素按降序排序
ToArray	将 IEnumerable<T>类型的序列转换为 T[]类型的数组
ToList	将 IEnumerable<T>类型的序列转换为 List<T>类型的序列
Union	可以计算两个集合的并集(在一个集合中或者在另外一个集合中的元素集合)
Where	处理由逻辑运算符(如逻辑"与"、逻辑"或")组成的逻辑表达式,并从数据源中筛选数据

1) 筛选操作

筛选操作 Where 能够处理由逻辑运算符(如逻辑"与"、逻辑"或")组成的逻辑表达式,并从数据源中筛选数据,它和 where 子句的功能相似。示例代码如下所示:

```
int[] arr = { 1, 2, 3, 4, 5, 6, 7, 8, 9};
var result = arr.Where(i => i>5&&i<9);
foreach(var i in result)
{
```

```
    Console.WriteLine(i);
}
```

上述代码通过 Where 方法和 Lambda 表达式实现了对数据源中数据的筛选操作,其中 Lambda 表达式筛选了现有集合中所有值大于 5 且小于 9 的元素并填充到新的集合中。当然,使用 LINQ 查询语句同样能实现这样的功能,示例代码如下:

```
var result = from i in arr
             where i > 5 && i < 9
             select i;
```

上面的代码同样实现了 LINQ 中的筛选操作 Where,但是使用筛选操作的代码更加简洁,其运行结果是一样的。

2) 投影操作

Select 操作能够将数据源中的元素投影到新序列中,并指定元素的类型和表现形式,它和 select 子句的功能类似。Select 操作将一个函数应用到一个序列之上,并产生另外一个序列。示例代码如下所示:

```
int[] arr = { 1, 2, 3, 4, 5, 6, 7, 8, 9};
var result = arr.Select(data => data);
foreach(var i in result)
{
    Console.WriteLine(i);
}
```

上面的代码将集合中的元素进行投影并将元素投影到新的集合 result 中。

3) 排序操作

排序操作最常使用的是 OrderBy 方法,其使用方法同 LINQ 查询子句 orderby 子句基本类似。使用 OrderBy 方法能够对集合中的元素进行升序排序,同样 OrderBy 方法也能够针对多个关键字进行排序,其中第一个排序关键字为主关键字,第二个排序关键字为次要关键字。

除此之外,排序操作不仅提供了 OrderBy 方法,还提供了其他的方法进行高级排序。这些方法包括:

- ◇ OrderByDescending 操作:根据关键字对序列中的元素按降序排序。
- ◇ ThenBy 操作:根据次要关键字对序列中的元素按升序排序。
- ◇ ThenByDescending 操作:根据次要关键字对序列中的元素按降序排序。
- ◇ Reverse 操作:将序列中的元素的顺序进行反转。

下面的示例演示了使用 OrderBy 对第一关键字 Age 进行升序排序,然后再使用 ThenBy 对第二关键字 ID 进行升序排序。这里假设 Student 类具有 3 个属性:ID、Age 和 Name。

```
List<Student> studentList = new List<Studeng>();
studentList.Add(new Student(1,25, "张三"));
studentList.Add(new Student(2,26, "张华"));
studentList.Add(new Student(3,25, "小西"));
studentList.Add(new Student(4,24, "张辉"));
```

```
studentList.Add(new Student(5,26, "张雨"));
var result = studentList.OrderBy(s = > s.Age).ThenBy(s = > s.ID);
foreach(var s in result)
{
    Console.WriteLine("Age: {0},Name: {1},ID: {2}",s.Age,s.Name,s.ID);
}
```

上面这段代码的输出结果如下:

```
Age: 24,Name: 张辉,ID: 4
Age: 25,Name: 张三,ID: 1
Age: 25,Name: 小西,ID: 3
Age: 26,Name: 张华,ID: 2
Age: 26,Name: 张雨,ID: 5
```

4) 聚合操作

聚合运算从集合计算单个值。从一个月的日温度值计算日平均温度就是聚合运算的一个示例。聚合操作可以用来获取集合中的最大值、最小值、平均值、总和等一些常用的统计信息。聚合操作的常用方法如下:

- Count 操作:计算序列中元素的数量,或者计算序列满足一定条件的元素的数量。
- Sum 操作:计算序列中元素的总和。
- Max 操作:计算序列中元素的最大值。
- Min 操作:计算序列中元素的最小值。
- Average 操作:计算序列中元素的平均值。

下面的示例演示了数组 arr 中小于 20 的元素的数量。

```
int[] arr = { 20, 12, 31, 4, 55, 6, 37, 18, 99};
var result = arr.Count(data = > data < 20);
Console.WriteLine(result);
```

上面的这段代码的输出结果是 4。

5) 集合操作

集合操作是指对一个序列或多个序列的集合运算操作,如去掉重复元素、计算两个集合的交集等操作。它主要包括以下几种操作:

- Distinct 操作:可以去掉数据源中的重复元素,并返回一个新序列。
- Except 操作:可以计算两个集合的差集(在一个集合中而不在另一个集合中的元素集合)。
- Intersect 操作:可以计算两个集合的交集(在一个集合中而又在另一个集合中的元素集合)。
- Union 操作:可以计算两个集合的并集(在一个集合中或者在另外一个集合中的元素集合)。

下面的示例演示了 Distinct 操作的使用方法:

```
int[] arr = { 1, 2, 1, 3, 2, 4, 4, 4, 9};
var result = arr.Distinct(data = > data);
foreach(var i in result)
```

```
{
    Console.Write(i+ ",");
}
```

上面这段代码的输出结果是"1,2,3,4,9"。

6) 元素操作

元素操作可以获取序列中一个特定的元素。以下是常用的几种元素操作：

- ElementAt 操作：返回集合中指定索引处的元素。
- First 操作：返回集合中的第一个元素，或者返回集合中满足指定条件的第一个元素。
- Last 操作：返回集合中的最后一个元素，或者返回集合中满足指定条件的最后一个元素。
- Single 操作：返回集合的唯一元素，或者返回集合中满足指定条件的唯一元素。

7) 数据类型转换操作

数据类型转换操作可以将数据源的类型或者元素的类型转换为用户指定的类型。以下是常用的几种操作：

- AsEnumerable 操作：可以将数据源转换为 IEnumerable<T>类型的序列。
- AsQueryable 操作：可以将数据源转换为 IQueryable<T>类型的序列。
- ToList 操作：将 IEnumerable<T>类型的序列转换为 List<T>类型的序列。
- ToArray 操作：将 IEnumerable<T>类型的序列转换为 T[]类型的数组。

8) 限定符操作

限定符操作可以检测序列中是否存在满足条件的元素存在，或者检测序列中的所有元素是否都满足指定的条件，它返回一个布尔值。它包含以下几种操作：

- All 操作：检测序列中的所有元素是否都满足指定的条件。如果满足返回 true，否则返回 false。
- Any 操作：检测序列中是否存在满足指定条件的元素。如果存在返回 true，否则返回 false。
- Contains 操作：检测序列中是否存在指定的元素。如果存在返回 true，否则返回 false。

2. 视图辅助方法：Html.DisplayFor

Html.DisplayFor 辅助方法一般在强类型视图中使用，为了说明问题，这里假设在视图使用了如下强类型声明：

```
@model BookList.Models.Book
```

Html.DisplayFor 辅助方法的一般用法如下：

```
@Html.DisplayFor(b=>b.isbn)
```

DisplayFor 辅助方法用来显示实体类相应的属性值。与 Html.DisplayFor 相似的辅助方法还有 Html.Display 和 Html.DisplayForModel。以上表达式用 Html.Display 方法可等价地表示为如下表达式：

```
@Html.Display("isbn")
```

与 Html.DisplayFor 辅助方法不同的是 Html.Display 辅助方法只能使用在单实体强类型视图中,而 Html.DisplayFor 辅助方法可以使用在列表视图和单实体视图中。代码清单 3.8 展示了 Html.DisplayFor 方法在列表强类型视图中的用法。

Html.DisplayFor 方法在输出模型属性值时还会根据模型中的相应注解特性输出一些附加信息,如货币符号等。

任务五 实现图书管理功能

【任务说明】

按照迭代计划,故事 2 应由团队成员李四负责。李四首先要将 TFS 服务器上的 BookList 项目映射到本地磁盘,然后在项目的基础上进行开发,完成特定任务后再签入对项目的变更。对实体的管理功能多数表现为对实体的添加、查询、更新和删除 4 个操作,即增删改查(下文简称 CRUD)。该任务中将使用基架模板来快速地实现对 Book 实体的 CRUD 操作。

【技能目标】

➢ 学会使用基架创建含读/写操作和视图的控制器;
➢ 学会编写针对不同请求方式的操作方法;
➢ 学会使用实体类型操作参数。

【知识目标】

➢ 理解 HttpPost 注解的含义;
➢ 了解模型绑定的概念。

一、任务实施

1. 添加 BookController 控制器

添加名为 BookController 的控制器,如图 3.20 所示,在"添加控制器"对话框中,模板选择"包含读/写操作和视图的控制器",模型类选择"Book",数据上下文类选择"BookDBContext"。

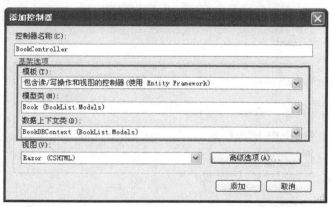

图 3.20 "添加控制器"对话框

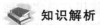
知识解析

使用基架创建的控制器，VS 2010 会做以下一系列的工作：

(1) 创建一个新的 BookController 控制器，控制器中会创建一个数据上下文对象；

(2) 自动在 Views 目录下创建一个 Book 目录；

(3) 向 Book 目录下自动添加 Create.cshtml、Delete.cshtml、Details.cshtml、Edit.cshtml 和 Index.cshtml 视图文件，视图中均使用强类型视图模型。

自动创建的 BookController 类中已经包含了对 Book 实体对象进行 CRUD 操作的各个方法。BookController 类的代码如代码清单 3.10 所示。

代码清单 3.10

```
1   using System;
2   using System.Collections.Generic;
3   using System.Data;
4   using System.Data.Entity;
5   using System.Linq;
6   using System.Web;
7   using System.Web.Mvc;
8   using BookList.Models;
9
10  namespace BookList.Controllers
11  {
12      public class BookController : Controller
13      {
14          private BookDBContext db = new BookDBContext();
15
16          //
17          // GET: /Book/
18
19          public ViewResult Index()
20          {
21              return View(db.books.ToList());
22          }
23
24          //
25          // GET: /Book/Details/5
26
27          public ViewResult Details(int id)
28          {
29              Book book = db.books.Find(id);
30              return View(book);
31          }
32
33          //
34          // GET: /Book/Create
35
36          public ActionResult Create()
37          {
38              return View();
39          }
40
41          //
42          // POST: /Book/Create
43
44          [HttpPost]
45          public ActionResult Create(Book book)
46          {
47              if (ModelState.IsValid)
48              {
49                  db.books.Add(book);
50                  db.SaveChanges();
51                  return RedirectToAction("Index");
52              }
53
54              return View(book);
55          }
56
57          //
```

```
58          // GET: /Book/Edit/5
59
60          public ActionResult Edit(int id)
61          {
62              Book book = db.books.Find(id);
63              return View(book);
64          }
65
66          //
67          // POST: /Book/Edit/5
68
69          [HttpPost]
70          public ActionResult Edit(Book book)
71          {
72              if (ModelState.IsValid)
73              {
74                  db.Entry(book).State = EntityState.Modified;
75                  db.SaveChanges();
76                  return RedirectToAction("Index");
77              }
78              return View(book);
79          }
80
81          //
82          // GET: /Book/Delete/5
83
84          public ActionResult Delete(int id)
85          {
86              Book book = db.books.Find(id);
87              return View(book);
88          }
89
90          //
91          // POST: /Book/Delete/5
92
93          [HttpPost, ActionName("Delete")]
94          public ActionResult DeleteConfirmed(int id)
95          {
96              Book book = db.books.Find(id);
97              db.books.Remove(book);
98              db.SaveChanges();
99              return RedirectToAction("Index");
100         }
101
102         protected override void Dispose(bool disposing)
103         {
104             db.Dispose();
105             base.Dispose(disposing);
106         }
107     }
108 }
```

代码分析

以上代码中出现了多个操作方法同名的情况,当浏览器发送 URL 请求时,系统如何判断用哪个操作方法来响应请求呢?这取决于请求方式。浏览器发送的请求多数为 POST 和 GET 两种请求,代码中在前面加"[HpptPost]"注解的操作方法表示是对 POST 请求的响应,加"[HttpGet]"或不加任何注解的操作方法表示是对 GET 请求的响应。

2. 修改 Index 视图

Index 视图为 BookController 控制器的默认视图,由其实现图书列表的显示。对其代码做简易修改,如代码清单 3.11 所示。

代码清单 3.11

```
1   @model IEnumerable<BookList.Models.Book>
2   @{
3       ViewBag.Title = "图书列表";
4   }
5   <p>
6       @Html.ActionLink("新建图书", "Create")
7   </p>
8   <table>
9       <tr>
10          <th>ISBN</th>
11          <th>书名</th>
12          <th>作者</th>
13          <th>出版社</th>
14          <th>出版日期</th>
15          <th>定价</th>
16          <th></th>
17      </tr>
18  @foreach (var item in Model) {
19      <tr>
20          <td>@Html.DisplayFor(modelItem => item.isbn)</td>
21          <td>@Html.DisplayFor(modelItem => item.bookName)</td>
22          <td>@Html.DisplayFor(modelItem => item.author)</td>
23          <td>@Html.DisplayFor(modelItem => item.press)</td>
24          <td>@Html.DisplayFor(modelItem => item.pressDate)</td>
25          <td>@Html.DisplayFor(modelItem => item.price)</td>
26          <td>
27              @Html.ActionLink("编辑", "Edit", new { id=item.id }) |
28              @Html.ActionLink("详情", "Details", new { id=item.id }) |
29              @Html.ActionLink("删除", "Delete", new { id=item.id })
30          </td>
31      </tr>
32  }
33  </table>
```

调试运行项目,浏览至 http://localhost:xxxx/Book,运行效果如图 3.21 所示。

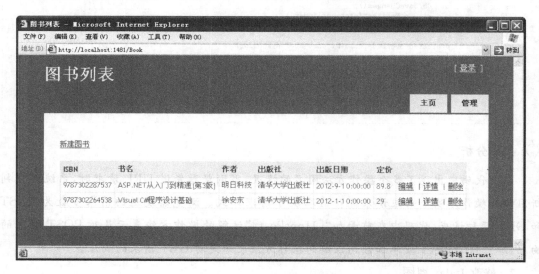

图 3.21 运行效果图

> **注意**
>
> 列表视图并没有输出图书的所有字段信息,而是通过单击后面的详情链接来查看图书详情。在很多情况下,由于实体字段信息太多而无法在页面中全部显示时,通常会在列表中

只显示实体简易信息,通过详情链接去查看全部信息。

3. 修改 Create 视图

对 Create.cshtml 做适当修改,代码如代码清单 3.12 所示。

代码清单 3.12

```
1   @model BookList.Models.Book
2
3   @{
4       ViewBag.Title = "添加图书";
5   }
6
7   <script src="@Url.Content("~/Scripts/jquery.validate.min.js")" type="text/java
8   <script src="@Url.Content("~/Scripts/jquery.validate.unobtrusive.min.js")" typ
9
10  @using (Html.BeginForm()) {
11      @Html.ValidationSummary(true)
12      <fieldset>
13          <legend>图书详细信息</legend>
14
15          <div class="editor-label">
16              @Html.LabelFor(model => model.isbn)
17          </div>
18          <div class="editor-field">
19              @Html.EditorFor(model => model.isbn)
20              @Html.ValidationMessageFor(model => model.isbn)
21          </div>
22
23          <div class="editor-label">
24              @Html.LabelFor(model => model.bookName)
25          </div>
26          <div class="editor-field">
27              @Html.EditorFor(model => model.bookName)
28              @Html.ValidationMessageFor(model => model.bookName)
29          </div>
30
31          <div class="editor-label">
32              @Html.LabelFor(model => model.author)
33          </div>
34          <div class="editor-field">
35              @Html.EditorFor(model => model.author)
36              @Html.ValidationMessageFor(model => model.author)
37          </div>
38
39          <div class="editor-label">
40              @Html.LabelFor(model => model.press)
41          </div>
42          <div class="editor-field">
43              @Html.EditorFor(model => model.press)
44              @Html.ValidationMessageFor(model => model.press)
45          </div>
46
47          <div class="editor-label">
48              @Html.LabelFor(model => model.pressDate)
49          </div>
50          <div class="editor-field">
51              @Html.EditorFor(model => model.pressDate)
52              @Html.ValidationMessageFor(model => model.pressDate)
53          </div>
54
55          <div class="editor-label">
56              @Html.LabelFor(model => model.price)
57          </div>
58          <div class="editor-field">
59              @Html.EditorFor(model => model.price)
60              @Html.ValidationMessageFor(model => model.price)
61          </div>
62
63          <div class="editor-label">
64              @Html.LabelFor(model => model.size)
65          </div>
66          <div class="editor-field">
```

```
67              @Html.EditorFor(model => model.size)
68              @Html.ValidationMessageFor(model => model.size)
69          </div>
70
71          <div class="editor-label">
72              @Html.LabelFor(model => model.weight)
73          </div>
74          <div class="editor-field">
75              @Html.EditorFor(model => model.weight)
76              @Html.ValidationMessageFor(model => model.weight)
77          </div>
78
79          <div class="editor-label">
80              @Html.LabelFor(model => model.format)
81          </div>
82          <div class="editor-field">
83              @Html.EditorFor(model => model.format)
84              @Html.ValidationMessageFor(model => model.format)
85          </div>
86
87          <p>
88              <input type="submit" value="确定" />
89          </p>
90      </fieldset>
91  }
92  <div>
93      @Html.ActionLink("返回图书列表", "Index")
94  </div>
```

调试运行项目,浏览至 http://localhost:xxxx/Book/create,运行效果如图 3.22 所示。

图 3.22 运行效果图

4. 修改 Edit 视图

对图书编辑视图 Edit.cshtml 做适当修改,代码如代码清单 3.13 所示。

代码清单 3.13

```
1   @model BookList.Models.Book
2   
3   @{
4       ViewBag.Title = "图书编辑";
5   }
6   
7   <script src="@Url.Content("~/Scripts/jquery.validate.min.js")" type="text/javascript">
8   <script src="@Url.Content("~/Scripts/jquery.validate.unobtrusive.min.js")" type="text/
9   
10  @using (Html.BeginForm()) {
11      @Html.ValidationSummary(true)
12      <fieldset>
13  
14          @Html.HiddenFor(model => model.id)
15  
16          <div class="editor-label">
17              @Html.LabelFor(model => model.isbn)
18          </div>
19          <div class="editor-field">
20              @Html.EditorFor(model => model.isbn)
21              @Html.ValidationMessageFor(model => model.isbn)
22          </div>
23  
24          <div class="editor-label">
25              @Html.LabelFor(model => model.bookName)
26          </div>
27          <div class="editor-field">
28              @Html.EditorFor(model => model.bookName)
29              @Html.ValidationMessageFor(model => model.bookName)
30          </div>
31  
32          <div class="editor-label">
33              @Html.LabelFor(model => model.author)
34          </div>
35          <div class="editor-field">
36              @Html.EditorFor(model => model.author)
37              @Html.ValidationMessageFor(model => model.author)
38          </div>
39  
40          <div class="editor-label">
41              @Html.LabelFor(model => model.press)
42          </div>
43          <div class="editor-field">
44              @Html.EditorFor(model => model.press)
45              @Html.ValidationMessageFor(model => model.press)
46          </div>
47  
48          <div class="editor-label">
49              @Html.LabelFor(model => model.pressDate)
50          </div>
51          <div class="editor-field">
52              @Html.EditorFor(model => model.pressDate)
53              @Html.ValidationMessageFor(model => model.pressDate)
54          </div>
55  
56          <div class="editor-label">
57              @Html.LabelFor(model => model.price)
58          </div>
59          <div class="editor-field">
60              @Html.EditorFor(model => model.price)
61              @Html.ValidationMessageFor(model => model.price)
62          </div>
63  
64          <div class="editor-label">
65              @Html.LabelFor(model => model.size)
66          </div>
67          <div class="editor-field">
68              @Html.EditorFor(model => model.size)
69              @Html.ValidationMessageFor(model => model.size)
70          </div>
```

```
71
72              <div class="editor-label">
73                  @Html.LabelFor(model => model.weight)
74              </div>
75              <div class="editor-field">
76                  @Html.EditorFor(model => model.weight)
77                  @Html.ValidationMessageFor(model => model.weight)
78              </div>
79
80              <div class="editor-label">
81                  @Html.LabelFor(model => model.format)
82              </div>
83              <div class="editor-field">
84                  @Html.EditorFor(model => model.format)
85                  @Html.ValidationMessageFor(model => model.format)
86              </div>
87              <p>
88                  <input type="submit" value="保存" />
89              </p>
90          </fieldset>
91  }
92  <div>
93      @Html.ActionLink("返回图书列表", "Index")
94  </div>
```

调试运行项目，浏览至http://localhost:xxxx/Book/edit/1，运行效果如图3.23所示。

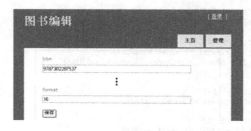

图3.23 运行界面

5. 修改 Delete 视图

对图书删除确认视图Delete.cshtml做适当修改，代码如代码清单3.14所示。

代码清单3.14

```
1   @model BookList.Models.Book
2
3   @{
4       ViewBag.Title = "删除确认";
5   }
6
7   <h3>您确认要删除这本图书吗？</h3>
8   <fieldset>
9
10      <div class="display-label">@Html.LabelFor(model => model.isbn):</div>
11      <div class="display-field">
12          @Html.DisplayFor(model => model.isbn)
13      </div>
14
15      <div class="display-label">@Html.LabelFor(model => model.bookName):</div>
16      <div class="display-field">
17          @Html.DisplayFor(model => model.bookName)
18      </div>
19
20      <div class="display-label">@Html.LabelFor(model => model.author):</div>
21      <div class="display-field">
22          @Html.DisplayFor(model => model.author)
```

```
23        </div>
24
25        <div class="display-label">@Html.LabelFor(model => model.press): </div>
26        <div class="display-field">
27            @Html.DisplayFor(model => model.press)
28        </div>
29
30        <div class="display-label">@Html.LabelFor(model => model.pressDate): </div>
31        <div class="display-field">
32            @Html.DisplayFor(model => model.pressDate)
33        </div>
34
35        <div class="display-label">@Html.LabelFor(model => model.price): </div>
36        <div class="display-field">
37            @Html.DisplayFor(model => model.price)元
38        </div>
39
40        <div class="display-label">@Html.LabelFor(model => model.size): </div>
41        <div class="display-field">
42            @Html.DisplayFor(model => model.size)
43        </div>
44
45        <div class="display-label">@Html.LabelFor(model => model.weight): </div>
46        <div class="display-field">
47            @Html.DisplayFor(model => model.weight)公斤
48        </div>
49
50        <div class="display-label">@Html.LabelFor(model => model.format): </div>
51        <div class="display-field">
52            @Html.DisplayFor(model => model.format)开
53        </div>
54  </fieldset>
55  @using (Html.BeginForm()) {
56        <p>
57            <input type="submit" value="删除" /> |
58            @Html.ActionLink("返回图书列表", "Index")
59        </p>
60  }
```

调试运行项目，浏览至 http://localhost:xxxx/Book/Delete/1，运行效果如图 3.24 所示。

6. 修改 Details 视图

对图书详情视图 Details.cshtml 做适当修改，代码如代码清单 3.15 所示。

代码清单 3.15

```
1   @model BookList.Models.Book
2
3   @{
4       ViewBag.Title = "图书详情";
5   }
6
7   <fieldset>
8
9       <div class="display-label">@Html.LabelFor(model => model.isbn): </div>
10      <div class="display-field">
11          @Html.DisplayFor(model => model.isbn)
12      </div>
13
14      <div class="display-label">@Html.LabelFor(model => model.bookName): </div>
15      <div class="display-field">
16          @Html.DisplayFor(model => model.bookName)
17      </div>
18
19      <div class="display-label">@Html.LabelFor(model => model.author): </div>
20      <div class="display-field">
21          @Html.DisplayFor(model => model.author)
22      </div>
23
24      <div class="display-label">@Html.LabelFor(model => model.press): </div>
```

```
25      <div class="display-field">
26          @Html.DisplayFor(model => model.press)
27      </div>
28
29      <div class="display-label">@Html.LabelFor(model => model.pressDate): </div>
30      <div class="display-field">
31          @Html.DisplayFor(model => model.pressDate)
32      </div>
33
34      <div class="display-label">@Html.LabelFor(model => model.price): </div>
35      <div class="display-field">
36          @Html.DisplayFor(model => model.price)元
37      </div>
38
39      <div class="display-label">@Html.LabelFor(model => model.size): </div>
40      <div class="display-field">
41          @Html.DisplayFor(model => model.size)
42      </div>
43
44      <div class="display-label">@Html.LabelFor(model => model.weight): </div>
45      <div class="display-field">
46          @Html.DisplayFor(model => model.weight)公斤
47      </div>
48
49      <div class="display-label">@Html.LabelFor(model => model.format): </div>
50      <div class="display-field">
51          @Html.DisplayFor(model => model.format)开
52      </div>
53  </fieldset>
54  <p>
55      @Html.ActionLink("编辑", "Edit", new { id=Model.id }) |
56      @Html.ActionLink("返回图书列表", "Index")
57  </p>
```

图 3.24　运行界面

调试运行项目，浏览至 http://localhost:xxxx/Book/Details/1，运行效果如图 3.25 所示。

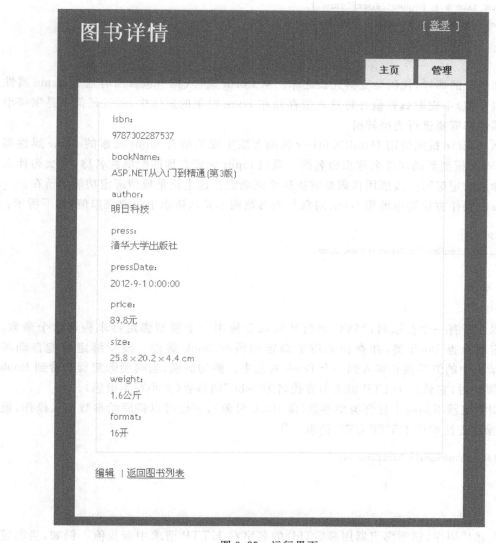

图 3.25 运行界面

二、相关知识

1. 模型绑定

参考代码清单 3.10，想象自己来实现 HTTP POST 请求的 Create 操作，并且还不知道可以使编程更轻松的任何 ASP.NET MVC 特性。大家知道，Create 视图将会把表单中的值提交给服务器。图书信息必须从提交的表单中检索，可以像下面的代码选择直接从 Form 中提取这些值：

```
[HttpPost]
public ActionResult Create()
```

```
{
    Book Book = new Book();
    Book.isbn b = Request.Form["isbn"];
    Book.bookName = Request.Form["bookname"];
    ...
}
```

正如想象的那样,代码会变得冗长乏味。从 Form 集合(其中包含所有通过 name 属性提交的表单值)中提取属性值并将这些值存储在 Book 对象的属性中,而且任何不是字符串类型的属性都需要进行类型转换。

万幸,Create 视图使用 Html.EditFor 辅助方法生成的所有 input 元素的 name 属性都是按照 Book 模型类的属性名称来命名的。既然 input 元素名称匹配属性名称,那么为什么不根据命名约定编写一段通用代码来解决这个问题呢?这也正是模型绑定功能的所在。

Create 操作方法简单地用 Book 对象作为参数而不是从请求中挖取表单值,如下所示:

```
[HttpPost]
public ActionResult Create(Book book)
{
    ...
}
```

当操作带有一个参数时,MVC 运行环境就会使用一个模型绑定器来构造这个参数。模型绑定器检查 Book 类,并查找能用于绑定的所有 Book 属性。模型绑定器能自动将 HTTP 请求中的值转换和移入到一个 Book 对象中。换句话说,当模型绑定器查看到 Book 有 isbn 属性时,它就在 HTTP 请求中查找名为"isbn"的参数(大小写不敏感)。

模型绑定器不局限于复合类型参数(像 Book 对象),它也可以将原始参数传入操作,就像 Edit 操作方法响应 HTTP GET 请求一样:

```
public ActionResult Edit(int id)
{
    ...
}
```

在上述代码中,模型绑定器用参数(id)的名字在 HTTP 请求中查找值。例如,当浏览器向服务器发出"http://localhost:xxxx/Book/Edit/2"这样的 URL 时,模型绑定器会自动搜索请求数据,并把"2"传入给 id 参数。

2. 视图辅助方法

1) Html.ValidationSummary

这个方法其实和 ASP.NET WebForm 里的 Summary 控件功能一样,用于呈现一个错误消息摘要,它会输出一个包含所有详细错误消息的 <ul><li> 清单。Html.ValidationSummary 辅助方法使用了一个可选的字符串参数,例如:@Html.ValidationSummary("请修改错误并再次尝试")。其实就是错误清单的标题。

2) Html.LabelFor

LabelFor 辅助方法使用了模型类中相应的 DisplayName 注解特性指定的字符串来输

出 Label 标记。例如：

@Html.LabelFor(model => model.bookName)

会输出如下 HTML 标记：

< label for = "bookName">书名</label >

3）Html.EditorFor

实现客户端的输入验证功能，主要依靠 EditFor 辅助方法输出带有数据输入限制的 <input>标记，例如：

@Html.EditorFor(model => model.isbn)

会输出如下 HTML 标记：

< input class = "text – box single – line" data – val = "true" data – val – required = "ISBN 字段是必需的。" id = "isbn" name = "isbn" type = "text" value = "9787302287537" />

4）Html.ValidationMessageFor

Html.ValidationMessageFor 辅助方法可以用于输出与特定模型属性相关联的错误消息，例如：@Html.ValidationMessageFor(model => model.isbn)，这个表达式是与模型的 isbn 关联起来，如果该属性发生错误将会出现错误提示消息。

5）Html.HiddenFor

HiddenFor 辅助方法就是生成隐藏文本域的方法。例如下面的用法：

@Html.HiddenFor(model => model.id)

上面的表达式就会生成一个如下所示的隐藏文本域：

< input id = "id" name = "id" type = "hidden" value = "1" />

以上标记中的 value 属性的值由 model.id 的值决定。

任务六　给模型增加验证规则和显示特性

【技能目标】
➢ 学会使用数据注解特性给实体模型添加数据验证规则。
【知识目标】
➢ 理解模型验证的概念。

一、任务实施

1. DisplayName 特性的使用

修改 Book.cs 文件，给 Book 实体类的每个属性加上 DisplayName 特性，代码如代码清单 3.16 所示。

代码清单 3.16

```
1   using System;
2   using System.Collections.Generic;
3   using System.Linq;
4   using System.Web;
5   using System.ComponentModel;
6   using System.ComponentModel.DataAnnotations;
7
8   namespace BookList.Models
9   {
10      public class Book
11      {
12          public int id { get; set; }                    //图书ID
13          [DisplayName("ISBN")]
14          public string isbn { get; set; }               //ISBN
15          [DisplayName("书名")]
16          public string bookName { get; set; }           //书名
17          [DisplayName("作者")]
18          public string author { get; set; }             //作者
19          [DisplayName("出版社")]
20          public string press { get; set; }              //出版社
21          [DisplayName("出版日期")]
22          public DateTime pressDate { get; set; }        //出版日期
23          [DisplayName("定价")]
24          public double price { get; set; }              //价格
25          [DisplayName("尺寸")]
26          public string size { get; set; }               //尺寸
27          [DisplayName("质量")]
28          public double weight { get; set; }             //质量
29          [DisplayName("开本")]
30          public int format { get; set; }                //开本
31      }
32  }
```

💡 代码分析

第 5～6 行的代码引入验证规则命名空间。

给每个属性加上 DisplayName 特性，可以指定在视图中使用 Html.LabelFor 辅助方法生成的特定于属性的字符串内容。

重新调试运行项目，浏览至 http://localhost:xxxx/Book/create，运行效果如图 3.26 所示。

⚠️ 注意

比较图 3.22 和图 3.26，会发现图 3.26 中每个输入框的提示文字都变成了中文，这正是 DisplayName 特性所指定的内容。

2. Required 验证特性的使用

在图书添加视图中，不输入任何信息，直接单击"确定"按钮，将看到如图 3.27 所示的界面。

图 3.27 中的"出版日期"、"定价"、"质量"、"开本"这几个输入框都出现了输入错误的提示，这是由于模型验证机制认为这几个字段是必须填写的，而这里却没有填写，所以导致上图中的错误提示。

参考代码清单 3.16，在 Book 实体类中并没有说明哪些属性必须填写，哪些属性可以不填。ASP.NET MVC 3 中的模型验证机制默认将实体类中非字符串类型的属性看作必填字段。所以在没有做任何说明的情况下，会看到图 3.27 中的错误提示。

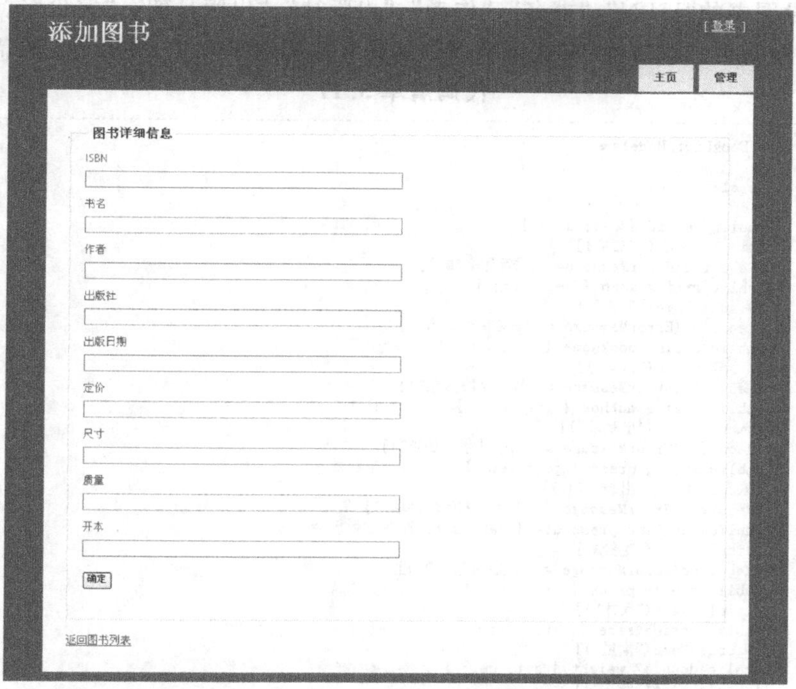

图 3.26　运行效果截图

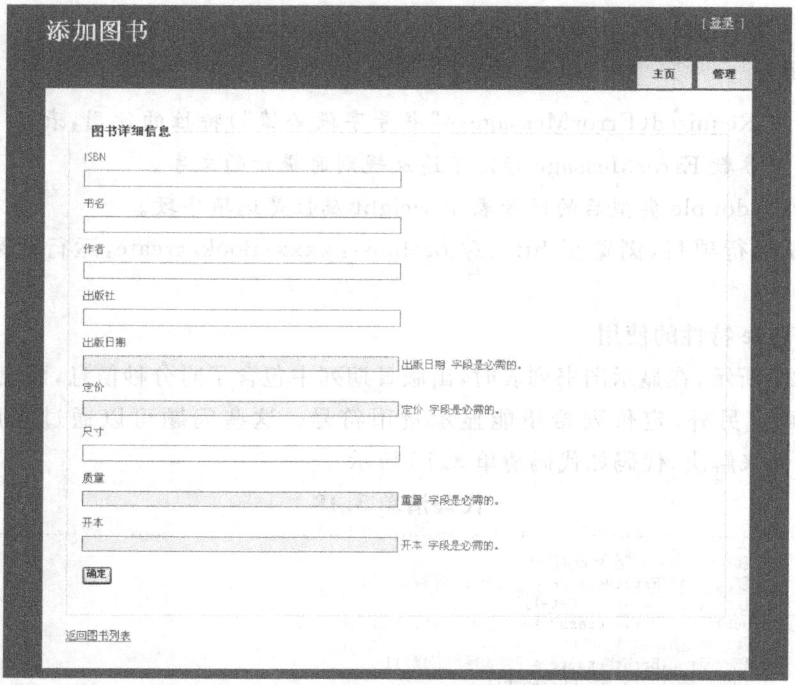

图 3.27　运行效果截图

现在假设图书的"ISBN"、"书名"、"作者"、"出版社"、"出版日期"、"定价"这几个属性必填,而其他属性为可选填属性,那么该如何处理呢？代码清单3.17演示了这种需求。

代码清单 3.17

```
 8    namespace BookList.Models
 9    {
10        public class Book
11        {
12            public int id { get; set; }              //图书ID
13            [DisplayName("ISBN")]
14            [Required(ErrorMessage="书号字段必填")]
15            public string isbn { get; set; }          //ISBN
16            [DisplayName("书名")]
17            [Required(ErrorMessage = "书名字段必填")]
18            public string bookName { get; set; }      //书名
19            [DisplayName("作者")]
20            [Required(ErrorMessage = "作者字段必填")]
21            public string author { get; set; }        //作者
22            [DisplayName("出版社")]
23            [Required(ErrorMessage = "出版社字段必填")]
24            public string press { get; set; }         //出版社
25            [DisplayName("出版日期")]
26            [Required(ErrorMessage = "出版日期字段必填")]
27            public DateTime pressDate { get; set; }   //出版日期
28            [DisplayName("定价")]
29            [Required(ErrorMessage = "定价字段必填")]
30            public double price { get; set; }         //价格
31            [DisplayName("尺寸")]
32            public string size { get; set; }          //尺寸
33            [DisplayName("重量")]
34            public double? weight { get; set; }       //质量
35            [DisplayName("开本")]
36            public int? format { get; set; }          //开本
37        }
38    }
```

代码分析

第14行中 Required(ErrorMessage="书号字段必填")特性的使用,表示isbn属性是必填字段,其中参数 ErrorMessage 指定了违反规则时提示的文字。

第34行中,double 类型后的问号表示weight属性是选填字段。

重新调试运行项目,浏览至 http://localhost:xxxx/Book/create,运行效果如图3.28所示。

3. DataType 特性的使用

如图3.21所示,在显示图书列表时,出版日期列中包含了时分秒信息,而出版日期只需要年月日即可。另外,定价列希望能显示货币符号。这些问题可以通过在属性前加上 DataType 特性来解决,代码如代码清单3.18所示。

代码清单 3.18

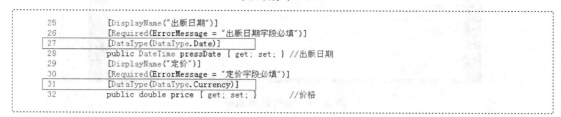

```
25        [DisplayName("出版日期")]
26        [Required(ErrorMessage = "出版日期字段必填")]
27        [DataType(DataType.Date)]
28        public DateTime pressDate { get; set; }    //出版日期
29        [DisplayName("定价")]
30        [Required(ErrorMessage = "定价字段必填")]
31        [DataType(DataType.Currency)]
32        public double price { get; set; }          //价格
```

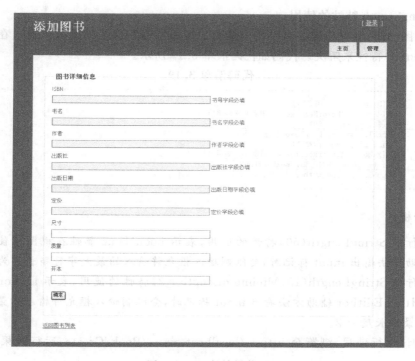

图 3.28 运行效果截图

代码分析

第 27 行中 DataType(DataType.Date)特性的使用,表示 pressDate 属性在视图中使用 Html.DisplayFor 辅助方法,输出该属性值时只输出日期短格式,即只包含年月日信息。

第 31 行中 DataType(DataType.Currency)特性的使用,表示 price 属性在视图中使用 Html.DisplayFor 辅助方法,输出该属性值时包含前导货币符号。

重新调试运行项目,浏览至 http://localhost:xxxx/Book/index,运行效果如图 3.29 所示。

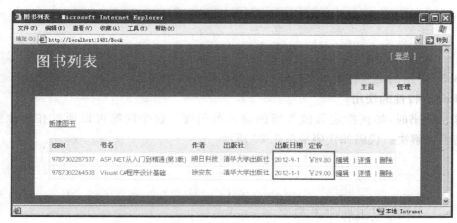

图 3.29 运行效果图

4. StringLength 特性的使用

在添加图书时,如何指定书名字符串最大长度限制呢?这个问题可以通过在属性前使用 StringLength 特性来解决。代码如代码清单 3.19 所示。

代码清单 3.19

```
17      [DisplayName("书名")]
18      [Required(ErrorMessage = "书名字段必填")]
19      [StringLength(50)]
20      public string bookName { get; set; }        //书名
21      [DisplayName("作者")]
22      [Required(ErrorMessage = "作者字段必填")]
23      [StringLength(10,MinimumLength=2)]
24      public string author { get; set; }          //作者
```

💡 **代码分析**

第 19 行中 StringLength(50) 特性的使用,表示 bookName 属性在视图中使用 Html.EditFor 辅助方法输出 input 标记时,会限制输入框允许输入的最大字符串长度为 50。

第 23 行中 StringLength(10,MinimumLength=2) 特性的使用,表示 author 属性在视图中使用 Html.EditFor 辅助方法输出 input 标记时,会限制输入框允许输入的最大字符串长度为 10,最短长度为 2。

重新调试运行项目,浏览至 http://localhost:xxxx/Book/Create,运行效果如图 3.30 所示。

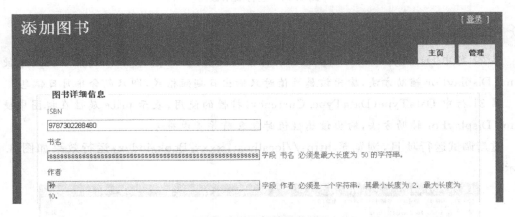

图 3.30 运行效果截图

图 3.30 显示的是当打破 StringLength 规则特性时的输入界面。

5. Range 特性的使用

在添加图书时,如何指定数值类型的输入范围呢?这个问题可以通过在属性前使用 Range 特性来解决。代码如代码清单 3.20 所示。

代码清单 3.20

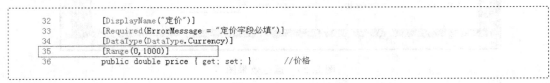

💡 **代码分析**

第 35 行中 Range(0,1000) 特性的使用,表示 price 属性在视图中使用 Html.EditFor 辅助方法输出 input 标记时,会限制输入框允许输入的最大数值和最小数值。

重新调试运行项目,浏览至 http://localhost:xxxx/Book/Create,在定价中输入 1222,运行效果如图 3.31 所示。

图 3.31 运行效果截图

图 3.31 显示的是当定价打破 Range 规则特性时的输入界面。

二、相关知识:模型验证

对于 Web 开发人员来说,输入验证一直是一个挑战。不仅在客户端浏览器中需要执行验证逻辑,在服务器端也需要执行。客户端验证逻辑会对用户向表单中输入的数据给出即时的反馈,这也是时下 Web 应用程序所期望的特性。之所以需要服务器验证逻辑,主要是来自网络的信息都是不能信任的。

如果觉得验证是令人望而生畏的繁杂琐事,那么值得高兴的是 ASP.NET MVC 框架可以帮助处理这些琐事。使用注解特性可以向模型类注入模型的元数据,利用这些元数据 ASP.NET MVC 框架就知道如何去验证模型类中的属性。

数据注解特性定义在名称空间 System.ComponentModel.DataAnnotations 中。它们提供了服务器端验证的功能,当在模型类的属性上使用这些特性之一时,框架也支持客户端验证。下面介绍一些常用的注解特性。

1. Required

被 Required 注解的模型属性是必须填写的。如下代码演示了 Required 注解的用法:

```
[Required]
public string isbn {get; set;}
[Required(ErrorMessage = "书名字段必填")]
public string bookName {get; set;}
```

当上述代码中的两个属性中的一个或全部是 null 或空时,Required 特性会引发验证错误。如果用户在填写表单时没有填写书号或书名,提交表单时系统会出现图 3.32 所示的错误提示。

注解在 isbn 属性上的 Required 特性没有给出验证失败时的错误消息,当验证失败时会给出默认的错误消息:"xx 字段是必需的"。

注解在 bookName 属性上的 Required 特性给出了验证失败时的错误消息(通过 ErrorMessage 参数指定),当验证失败时会提示用户指定的错误消息:"书名字段必填"。

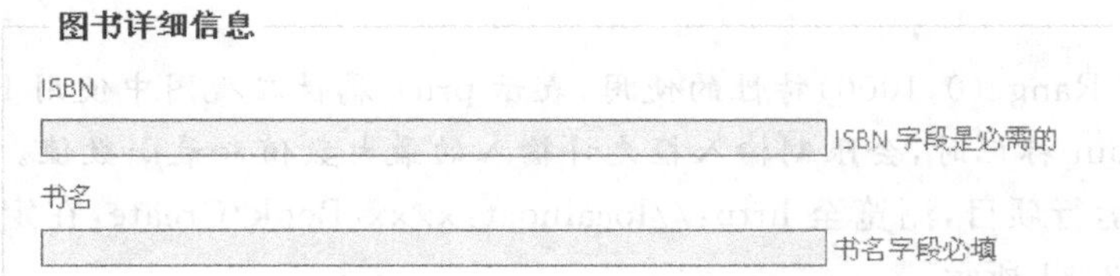

图 3.32 表单验证错误提示

实际上，大多数的注解特性都可以指定 ErrorMessage 参数的值，用来在模型验证失败时显示指定的错误消息。

在视图中会通过 Html.ValidationMessageFor 辅助方法输出特定于某个属性的验证错误信息。

2. StringLength

如果要指定一个模型属性最大允许的字符串输入长度，就可以使用 StringLength 特性注解属性。下面的代码演示了 StringLength 注解的用法：

```
[Required]
[StringLength(10)]
public string author {get; set;}
```

上述代码中 StringLength 注解指定，用户可以给 author 属性输入的字符串最大长度不能超过 10，否则，模型验证会失败。

也可以限定字符串的最小长度，下面的代码演示了这种用法。

```
[Required]
[StringLength(10,MinimumLength = 2)]
public string author {get; set;}
```

通过上述代码也可以看出，多个注解特性可以同时作用于一个属性，且多个注解的验证逻辑是叠加关系。

3. Rang

Rang 特性用来指定数值类型值的最小值和最大值。例如，对 price 属性使用 Rage 特性的示例代码如下：

```
[Rage(0,1000)]
public int price {get; set;}
```

该特性的第 1 个参数设置的是最小值，第 2 个参数设置的是最大值，这两个值也包含在范围之内。Range 特性既可以用于 int 类型，也可以用于 double 类型。

4. DataType

DataType 特性可以为运行时提供关于属性的特定用途信息。例如，string 类型的属性可以应用于很多场合，可以保存 E-mail 地址、URL 或是密码。DataType 可以满足所有这些需求。例如，在登录模型中可以使以下代码中的 Password 属性在输入时显示掩码。

```
[Required]
[DataType(DataType.Password)]
```

```
public string Password {get; set;}
```

如果希望模型属性在视图中显示时含有货币符号,可以像下面的代码一样将属性的数据类型设置为 Currency。

```
[Range(0,1000)]
[DataType(DataType.Currency)]
public double price { get; set; }
```

表 3.6 列出了 DataType 注解可能的枚举值。

表 3.6　DataType 注解可能的枚举值

枚举名称	说　　明
Custom	自定义的数据类型
DateTime	日期和时间值
Date	仅日期值
Time	仅时间值
PhoneNumber	电话号码值
Currency	货币值
EmailAddress	电子邮件地址
Password	密码值

5. 模型验证的时机

在阅读以上部分时,可能会有几个疑问:验证是什么时候发生的? 如何才知道验证失败?

默认情况下,ASP.NET MVC 框架在模型绑定时执行验证逻辑。当操作方法带有参数时,模型绑定将隐式地执行。当验证失败时,模型绑定器会捕获所有失败的验证规则,并把有关验证的状态信息放入模型状态中。

模型状态(ModelState)不仅包含了用户所有想放入模型属性里的值,也包括与每一个属性相关联的所有错误信息。如果模型状态中存在错误,那么 ModelState.IsValid 就返回 false。下面的代码演示了 ModelState 的一般用法。

```
[HttpPost]
public ActionResult Create(Book book)
{
    if (ModelState.IsValid)
    {
        db.books.Add(book);
        db.SaveChanges();
        return RedirectToAction("Index");
    }
    return View(book);
}
```

在视图中可以通过辅助方法来显示模型状态中的错误信息,例如下面的代码:

```
@Html.ValidationMessageFor(model =>model.bookName)
```

上述代码显示的是仅与模型的 bookName 属性相关的错误信息,也可以一次性显示所有的错误消息,如下面的代码:

```
@Html.ValidationSummary()
```

任务七　管理授权

【任务说明】

到目前为止,任何人都可以访问站点的所有功能,能进行图书的增、删、改、查操作。下面对 BookController 控制器的访问进行限制,只能由管理员进行访问。

【技能目标】

➢ 学会使用 ASP.NET 配置工具配置成员资格数据;
➢ 学会使用 Authorize 特性配置控制器的访问权限。

【知识目标】

➢ 理解 ASP.NET MVC 3 中的成员资格概念。

任务实施

1. 添加用户和角色

在创建 ASP.NET MVC 3 项目时,VS 2010 自动创建了以下有关访问控制的文件:

◇ AccountController.cs
◇ AccountModels.cs
◇ ChangePassword.cshtml
◇ ChangePasswordSuccess.cshtml
◇ LogOn.cshtml
◇ Register.cshtml

这些文件在项目中的位置如图 3.33 所示。

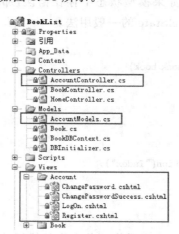

图 3.33　解决方案资源管理器窗口

那么用户的信息存放在哪里呢？如何创建用户数据库？这一切只要使用 VS 2010 提供的"ASP.NET 配置工具"就可以简单地完成。

如图 3.34 所示，单击"ASP.NET 配置工具"按钮，打开 ASP.NET 配置管理器。

图 3.34　ASP.NET 配置操作

如图 3.35 所示，在打开的 ASP.NET Web 应用程序管理站点中，切换到"安全"选项卡，单击"启用角色"链接。

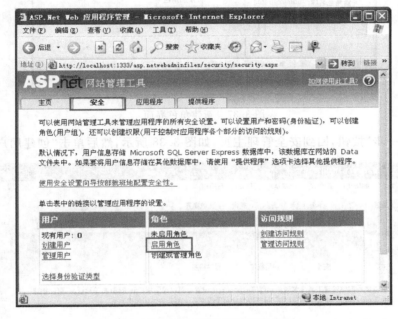

图 3.35　ASP.NET 安全配置界面

> **注意**
>
> 在团队项目环境下，启用角色前需要先对 Web.config 文件进行签出操作，因为启用角色会修改 Web.config 文件，而在签出前 Web.config 文件是处于写保护状态，会导致配置错误。

如图 3.36 所示，然后单击"创建或管理角色"链接。

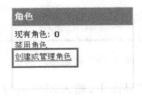

图 3.36　创建角色操作

如图 3.37 所示，在新角色名称里输入管理员的角色名称 administrator。

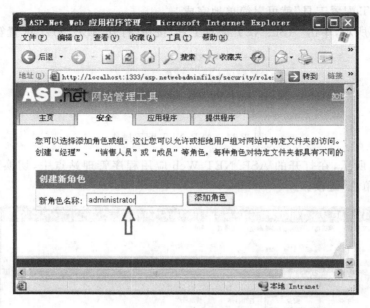

图 3.37　新建角色界面

单击"上一步"按钮，回到安全管理主页，如图 3.38 所示，然后单击"创建用户"链接。

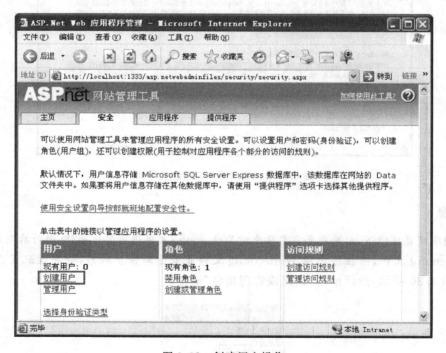

图 3.38　创建用户操作

如图 3.39 所示，在"创建用户"界面中，输入用户名为 admin，密码为 123456，电子邮箱为 admin@163.com，同时选中 administrator 角色和活动用户选项，然后单击"创建用户"

按钮。

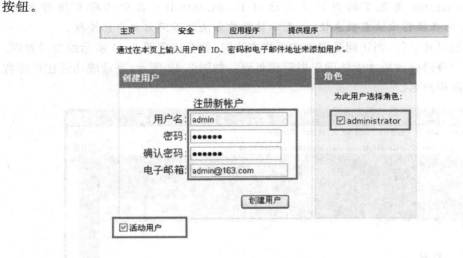

图 3.39 "创建用户"界面

创建用户成功后,如图 3.40 所示,在解决方案资源管理器中的 App_Data 目录下会多出一个 ASPNETDB.MDF 数据库文件,其中存放了有关角色和用户的数据。

图 3.40 成员资格数据库文件

> **注意**
>
> 为了使以上配置能使团队中的其他成员所见,需要将数据库文件包含在项目中并提交至 TFS 服务器。

2. 给 BookController 配置权限

下面需要给 BookController 类添加一个 Authorize 属性类,以启用角色访问控制。代码如代码清单 3.21 所示。

代码清单 3.21

```
10    namespace BookList.Controllers
11    {
12        [Authorize(Roles="administrator")]
13        public class BookController : Controller
14        {
15            private BookDBContext db = new BookDBContext();
16
```

> **代码分析**
>
> 第 12 行加在 BookController 控制器类前的 Authorize(Roles="administrator")特性说

明，只有 administrator 角色下的用户才能访问 BookController 类中的所有操作方法。Authorize 也可以在操作方法前独立使用，表示该操作方法的访问需要角色授权。

重新调试项目并运行，当访问受限制的操作方法时，就会出现图 3.41 所示的登录界面。只有以合法用户身份登录后才能访问图书管理页面。如图 3.42 所示，登录成功后在页面右上角会显示当前用户名。

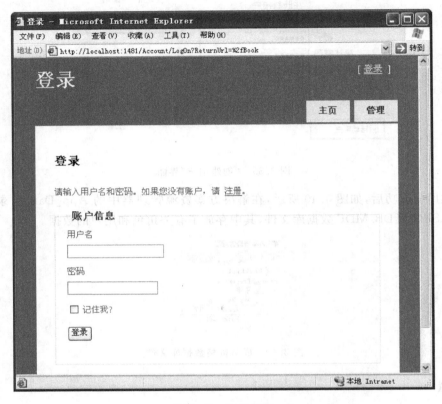

图 3.41 运行界面

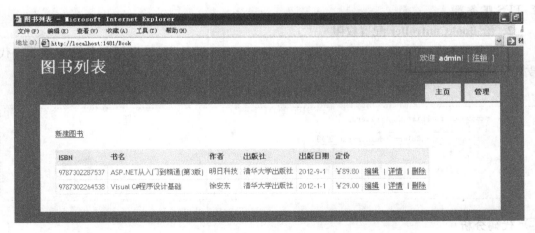

图 3.42 运行界面

习 题 三

一、填空题

1. 用户故事是从用户的角度来描述用户渴望得到的功能,其包括的 3 个要素是 _____、_____ 和 _____。

2. 若有以下 LINQ 查询表达式:

```
var result = from b in booklist
             where b.price > 20
             select b;
```

等价的 LINQ 查询操作是 _____。

3. 在模型中使用 _____ 注解特性可以实现数据必填的验证规则,使用 _____ 注解特性可以实现数据输入范围的验证规则,使用 _____ 注解特性可以实现字符串长度输入限制的验证规则。

二、问答题

1. 简述传统软件方法和敏捷软件方法的区别。
2. 简述在 ASP.NET MVC 中模型验证的机制。

项目四　员工信息管理系统

【项目解析】

在上一个项目中使用了数据库优先的方式来创建实体数据模型,在本项目中将使用模型优先的方式来创建实体数据模型。在该项目中大家可以体会到使用 ASP.NET MVC 框架创建一个简单的信息管理系统是多么的简单。

员工信息管理系统管理的实体包括员工(Employee)、部门(Department)、项目(Project)和员工银行卡账户(BankCard),实体关系图如图 4.1 所示,实体定义如表 4.1 至表 4.4 所示。本项目中应用程序的功能是对员工信息、部门信息、员工银行卡账户信息和项目信息进行管理。员工必须属于一个部门,一个部门下可以有多个员工;公司的业务以项目为单位,通常一个项目需要多个部门的员工来参与,一个员工也可以同时参与多个项目;为了方便发放工资,每个员工需要一个银行卡账户。

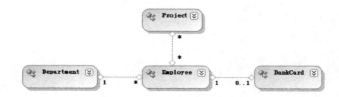

图 4.1　实体关系图

表 4.1　部门实体定义

序号	属性名	数据类型	标识	主键	允许空	默认值	字段说明
1	ID	Int32	√	√			编号
2	DepartmentName	String					部门名称
3	OfficeRoom	String			√		办公地点
4	Telephone	String			√		部门电话
5	IsDeleted	Boolean			√	false	是否已删除

表 4.2　员工实体定义

序号	列名	数据类型	标识	主键	允许空	默认值	字段说明
1	ID	Int32	√	√			编号
2	EmployeeName	String					员工姓名
3	EmployeeNumber	String					员工编号

续表

序号	列名	数据类型	标识	主键	允许空	默认值	字段说明
4	Sex	String					性别
5	Birthdate	DateTime					出生日期
6	PhoneNumber	String			√		手机号
7	Email	String			√		电子邮件
8	HireDate	DateTime			√		入职日期
9	QuitDate	DateTime			√		离职日期
10	IsDeleted	Boolean			√	false	是否已删除

表 4.3 项目实体定义

序号	列名	数据类型	标识	主键	允许空	默认值	字段说明
1	ID	Int32	√	√			编号
2	ProjectName	String					项目名称
3	CustomerName	String					客户名称
4	CreateDate	DateTime					立项日期
5	IsDeleted	Boolean			√	false	是否已删除

表 4.4 银行卡账户实体定义

序号	列名	数据类型	标识	主键	允许空	默认值	字段说明
1	ID	Int32	√	√			编号
2	CardNumber	String					卡号
3	BankName	String					开户行

在以上各实体的信息定义中人们发现很多实体添加了 IsDeleted 属性,这是因为在企业信息管理中数据是不允许被直接删除的,删除时只能将其 IsDeleted 属性设置为 true 以表示信息已过期或无效。

任务一 模型创建

【技能目标】
➢ 学会使用模型优先模式创建实体数据模型;
➢ 学会根据模型生成数据库。

一、任务实施

1. 创建 ADO.NET 实体数据模型

首先创建一个名为 EmployeeInfo 的 ASP.NET MVC 3 项目,创建好后在 Models 目录中添加新建项,如图 4.2 所示,在左侧选择"数据"模板,在右侧选择"ADO.NET 实体数据模型"新建项类型,将模型名称改为 EmployeeInfo.edmx,单击"添加"按钮。

如图 4.3 所示,在"实体数据模型向导"对话框中选择"空模型"选项,单击"完成"按钮。

如图 4.4 所示,系统创建了一个空模型作为起点,以可视化方式来设计概念模型。当创

图 4.2 "添加新项"对话框

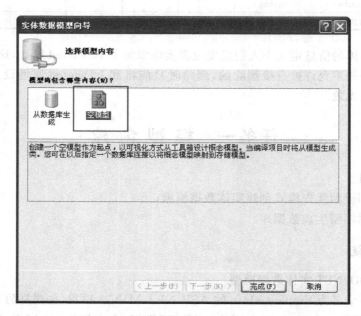

图 4.3 "实体数据模型向导"对话框

建概念模型时,系统会将概念模型转换生成实体类代码。可在以后指定一个数据库连接将概念模型映射到数据库。

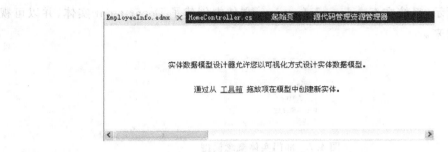

图 4.4 实体数据模型设计器

如图 4.5 所示,在设计器的空白位置右击,在快捷菜单中选择"添加→实体"菜单项命令。

图 4.5 添加实体快捷菜单

如图 4.6 所示,在弹出的"添加实体"窗口中输入实体的名称 Department 以及实体集名称 Departments,然后单击"确定"按钮。通常实体集名称会以实体名称的复数形式出现。系统会为实体默认创建一个名为 ID 的主键,类型为 Int32 类型。

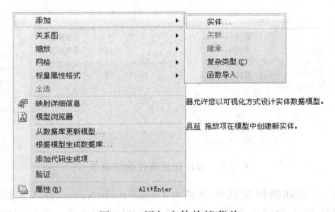

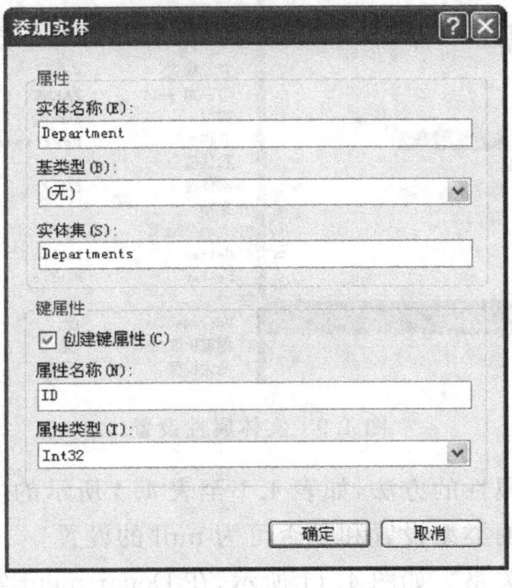

图 4.6 "添加实体"对话框

如图 4.7 所示,系统在 EmployeeInfo.edmx 文件中创建了 Department 实体,并以可视化的形式显示出来。

图 4.7　部门实体概念模型

如图 4.8 所示,在 Department 实体上右击,在快捷菜单中选择"添加→标量属性"菜单项命令。

图 4.8　添加标量属性快捷菜单

如图 4.9 所示,将添加的标量属性命名为 DepartmentName,在 VS 2010 窗口的右下角会显示与该标量属性相关的属性设置。如果属性窗口没有出现,可以在实体的快捷菜单中选择"属性"菜单项打开属性窗口。可以根据需要修改标量属性的类型、默认值、是否可以为 null 等属性值。

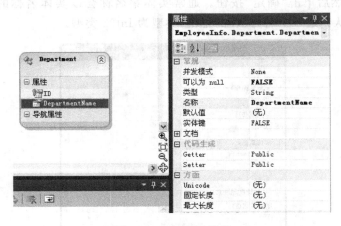

图 4.9　实体属性设置

根据创建实体和标量属性的方法,如表 4.1 至表 4.4 所示的内容创建出图 4.10 所示的全部实体。注意标量属性的类型设置和是否可为 null 的设置。

下面添加实体之间的关系。如图 4.11 所示,在 Department 实体上右击,在快捷菜单中选择"添加→关联"菜单项命令。

图 4.10 实体图

图 4.11 添加关联快捷菜单

在弹出的"添加关联"对话框中将各输入框和选项设置为图 4.12 所示的值。导航属性所表示的对端是多个时通常用复数形式。注意选中添加外键属性的复选框。

图 4.12 "添加关联"对话框

使用同样的方式如图 4.13 至图 4.14 所示内容建立其他两个实体间的关系,最终实体关系如图 4.15 所示。

图 4.13 "添加关联"对话框　　　　　　图 4.14 "添加关联"对话框

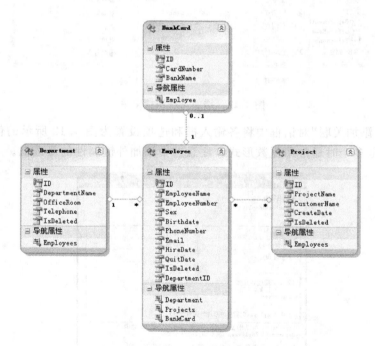

图 4.15 实体关系图

2. 根据模型生成数据库

在 EmployeeInfo.edmx 模型文件的空白位置右击,会弹出图 4.16 所示的快捷菜单,选择"根据模型生成数据库"菜单项命令。

图 4.16 "根据模型生成数据库"菜单项

如图 4.17 所示,在弹出的"生成数据库向导"窗口中单击"新建连接"按钮。

如图 4.18 所示,在弹出的"连接属性"窗口中将数据源选项设置为"Microsoft SQL Server Compact 4.0",如果不是该值,可以单击后面的"更改"按钮重新设置,然后单击"创建"按钮。

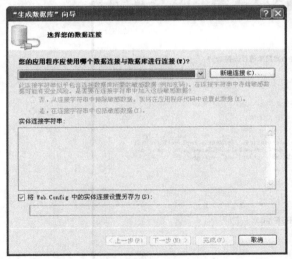

图 4.17 "生成数据库"向导窗口　　　　图 4.18 "连接属性"窗口

如图 4.19 所示,在弹出的"创建新的 SQL Server Compact 数据库"窗口中通过"浏览"按钮将数据的路径设置为当前项目的 App_Data 目录,将自动生成的数据库文件名"MyDatabase♯1.sdf"改为"employeeinfo.sdf",然后单击"确定"按钮。

当返回到"连接属性"窗口时的各输入框的值如图 4.20 所示,然后单击"确定"按钮。

当返回到"生成数据库"向导窗口时的各输入框的值如图 4.21 所示,然后单击"下一步"按钮。

如图 4.22 所示,生成数据库向导工具会根据模型生成数据库定义语言(DDL)存储于 EmployeeInfo.edmx.sqlce 文件中,单击"完成"按钮完成数据库生成向导。

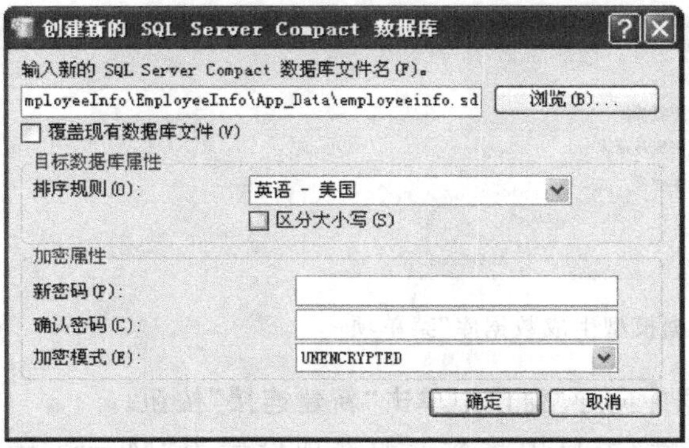

图 4.19 "创建新的 SQL Server Compact 数据库"窗口  　　　图 4.20 "连接属性"窗口

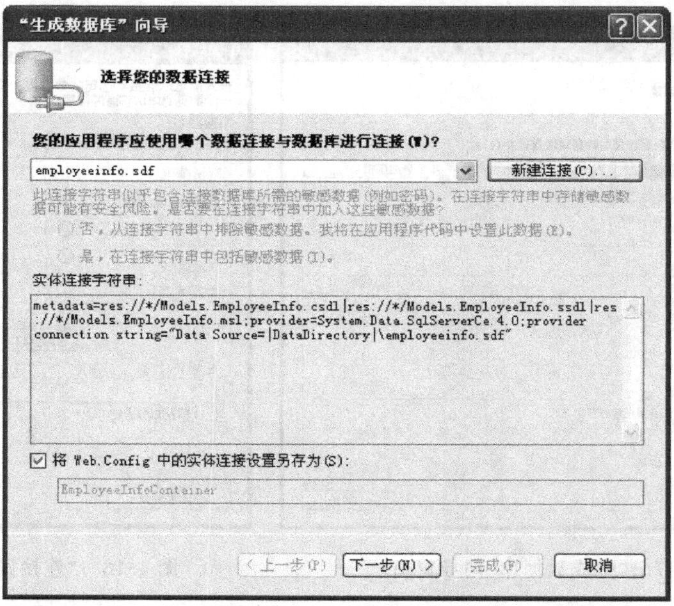

图 4.21 "生成数据库"向导窗口

如图 4.23 所示，完成生成数据库向导后，可以在"解决方案资源管理器"窗口的 App_Data 目录中发现 employeeInfo.sdf 数据库文件已经创建成功。

数据库生成向导工具只是生成了数据库文件和数据库定义语言，并没有真正生成数据库表，生成数据库表还需要进一步操作。如图 4.24 所示，在 EmployeeInfo.edmx.sqlce 文件中右击，在快捷菜单中选择"连接"菜单项命令。

图 4.22 "生成数据库"向导窗口

图 4.23 解决方案资源管理器窗口

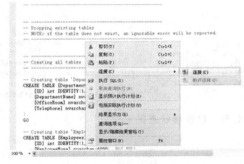

图 4.24 连接数据库菜单项

如图 4.25 所示,在弹出的窗口中通过浏览方式定位到前面步骤中创建的数据库 employeeinfo.sdf,然后单击"连接"按钮。

如果连接成功,会看到图 4.26 所示的"已连接。"的状态提示,如果连接不成功,请检查数据库路径是否正确。

如图 4.27 所示,在 EmployeeInfo.edmx.sqlce 文件中右击,在快捷菜单中选择"执行 SQL"菜单项命令。

如果执行成功,会看到图 4.28 所示的"查询已成功执行。"的状态提示。

查询执行成功后,双击 employeeinfo.sdf 文件,如图 4.29 所示,会看到数据库中与实体模型对应的表已经生成。

图 4.25 连接数据库对话框

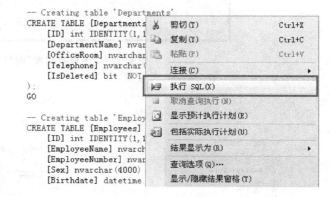

图 4.26 已连接状态提示　　　　　　图 4.27 执行 SQL 菜单项

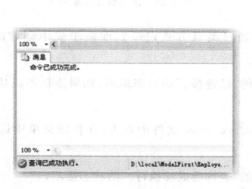

图 4.28 "查询已成功执行"状态提示　　　图 4.29 数据库结构

3. 模型的更新

当实体或关系发生变化时,需要对模型进行修改。如果模型的修改发生在数据库生成之前,没有任何问题;但是如果模型的修改发生在数据库生成之后,需要重新生成数据库。下面以给 Employee 实体添加一个可为 NULL 的 QQ 号标量属性为例,演示如何更新模型及重新生成数据库。

给 Employee 添加一个可为 NULL 的 QQ 标量属性后,重新执行"根据模型生成数据库"命令,如图 4.30 所示,系统会根据模型重新生成数据库定义语言 DDL,并更新 EmployeeInfo.edmx.sqlce 文件的内容。在重新生成 DDL 过程中系统会给出图 4.31 和图 4.32 所示的覆盖警告窗口,单击"是"按钮确认即可。

图 4.30 "生成数据库"向导窗口

图 4.31 "DDL 覆盖警告"对话框

图 4.32 "SSDL/MSL 覆盖警告"对话框

DDL 更新后重新执行"连接"和"执行 SQL"命令后,数据库表会得到更新。图 4.33 显示了更新后的 Employees 表的列结构。

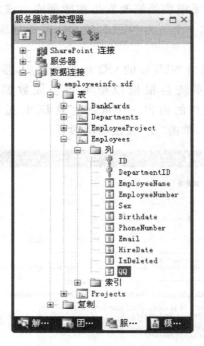

图 4.33 Employees 表的列结构

二、相关知识：ObjectContext 与 ObjectSet

在模型优先设计模式下，在 EmployeeInfo.edmx 中用可视化工具创建实体数据模型时，实体框架会自动生成与模型相对应的模型类代码，这个代码就存储在~/Models 目录下的 EmployeeInfo.Designer.cs 文件中。打开 EmployeeInfo.Designer.cs 文件，会发现数据库上下文类使用的是 ObjectContext，而不是 DbContext；实体集的类型为 ObjectSet，而不是 DbSet。ObjectContext 和 ObjectSet 的作用与 DbContext 和 DbSet 的作用一样，只是在具体使用方法上略有区别，但总体概念都是一样的。

下面以 Department 实体为例，如表 4.5 所示，用对比方式简单地列出两种上下文和实体集在用法上的区别。假设数据库上下文的名称都叫 db，Department 实体集的名称为 Departments，id 为待操作的部门编号，dep 为待操作的部门对象。

表 4.5 Department 实体

	ObjectSet	DbSet

添加实体	Department dep=new Department();
	db.Departments.AddObject(dep);
	db.SaveChanges();
		Department dep=new Department();
		db.Departments.Add(dep);
		db.SaveChanges();

删除实体	Department dep = db.Departments.Single (d => d.ID == id);
	db.Departments.DeleteObject(dep);
	db.SaveChanges();
		Department dep = db.Departments.Find (id);
		db.Departments.Remove(dep);
		db.SaveChanges();

续表

	ObjectSet	DbSet

修改实体	db. Departments. Attach(dep);
	db. ObjectStateManager. ChangeObjectState
	(department,EntityState. Modified);
	db. SaveChanges();
		db. Entry (dep). State = EntityState.
		Modified;
		db. SaveChanges();

任务二　创建控制器和视图

【技能目标】
➢ 学会创建含读写操作和视图的控制器。

任务实施

1. 添加各实体对应的控制器及视图

如图 4.34 所示,使用"包含读/写操作和视图的控制器"模板添加一个名为 DepartmentController 的控制器,模型类选择 Department,数据上下文类选择 EmployeeinfoContainer。

图 4.34 "添加控制器"窗口

添加控制器后,控制器代码和对应的视图代码会自动生成,代码在此省略。

以同样的方法逐一添加其他实体对应的控制器和视图,就可以得到一个可以运行的基础代码。视图中需要修改为中文的代码部分在此省略,相信读者现在完全有能力自己完成这项工作。

2. 修改布局页

将布局页_Layout.cshtml 文件的代码修改为代码清单 4.1 所示的代码,增加对各控制器 Index 方法的访问链接。

代码清单 4.1

```
01    <!DOCTYPEhtml>
02    <html>
```

03	`<head>`
04	`<title>@ViewBag.Title</title>`
05	`<link href="@Url.Content("~/Content/Site.css")" rel="stylesheet" type="text/css" />`
06	`<script src="@Url.Content("~/Scripts/jquery-1.5.1.min.js")" type="text/javascript"></script>`
07	`</head>`
08	`<body>`
09	`<div class="page">`
10	`<div id="header">`
11	`<div id="title">`
12	`<h1>员工信息管理</h1>`
13	`</div>`
14	`<div id="logindisplay">`
15	`@Html.Partial("_LogOnPartial")`
16	`</div>`
17	`<div id="menucontainer">`
18	`<ul id="menu">`
19	`@*<li>@Html.ActionLink("主页","Index","Home")</li>`
20	`<li>@Html.ActionLink("关于","About","Home")</li>*@`
21	`<li>@Html.ActionLink("部门","Index","Department")</li>`
22	`<li>@Html.ActionLink("员工","Index","Employee")</li>`
23	`<li>@Html.ActionLink("项目","Index","Project")</li>`
24	`<li>@Html.ActionLink("工资卡","Index","BankCard")</li>`
25	`</ul>`
26	`</div>`
27	`</div>`
28	`<div id="main">`
29	`@RenderBody()`
30	`</div>`
31	`<div id="footer">`
32	`</div>`
33	`</div>`
34	`</body>`
35	`</html>`

3. 修改站点默认首页

打开 Global.asax 文件,将项目的缺省路由控制器设置为 EmployeeController,部分代码如代码清单 4.2 所示。

代码清单 4.2

20	`public static void RegisterRoutes(RouteCollection routes)`
21	`{`
22	`    routes.IgnoreRoute("{resource}.axd/{*pathInfo}");`

```
23
24        routes.MapRoute(
25            "Default",                                              // 路由名称
26            "{controller}/{action}/{id}",                           //带有参数的 URL
27            new { controller = "Employee", action = "Index", id = UrlParameter.Optional }
              //参数默认值
28            );
29
30    }
```

4. 运行应用程序

到此只写了很少的代码,已经得到了一个可以运行的应用程序,能实现对各个实体的信息进行增删改查的操作。运行应用程序,添加一些数据,运行结果如图4.35所示。不得不承认系统自动生成的代码还有缺陷,但起码有了一个总体框架,不足的部分稍加修改即可。

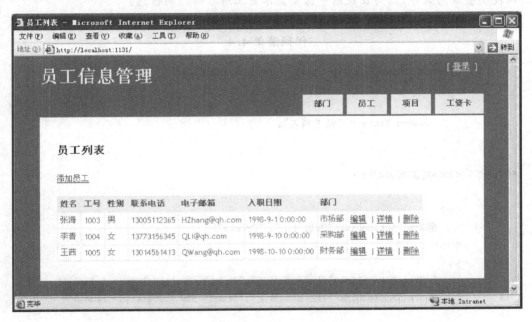

图 4.35 运行界面

任务三 完善员工管理功能

任务实施

这个任务中会对 EmployeeController 控制器中的操作及相关视图做以下几个方面的修改。

1. 完善员工列表操作与视图

让员工列表 Index 操作方法默认显示在职的员工,修改 Index 操作方法,部分代码如代码清单4.3所示。

代码清单 4.3

```
19   publicViewResult Index(bool isDeleted = false)
20   {
21       //var employees = db.Employees.Include("Department").Include("BankCard");
22       var employees = db.Employees.Where(e => e.IsDeleted == isDeleted).Include
         ("Department");
23       return View(employees.ToList());
24   }
```

💡 代码分析

第 22 行的代码使用 Where 查询操作根据参数 isDeleted 的值筛选出在职或离职员工；Include 方法使用贪婪加载（Eager Loading）模式将与员工相关联的部门信息一次性查询出来，以提高查询的效率，因为在视图中需要显示员工所在部门的信息。

修改 Index.cshtm 视图文件，最终代码如代码清单 4.4 所示。

代码清单 4.4

```
01   @model IEnumerable<EmployeeInfo.Models.Employee>
02
03   @{
04       ViewBag.Title = "员工列表";
05   }
06
07   <h2>员工列表</h2>
08
09   <p>
10       @Html.ActionLink("添加员工", "Create")
11   </p>
12   <p>
13       @Html.ActionLink("显示在职员工","Index",new {isDeleted = false}) |
14       @Html.ActionLink("显示离职员工","Index",new {isDeleted = true})
15   </p>
16   <table>
17       <tr>
18           <th>
19               姓名
20           </th>
21           <th>
22               工号
23           </th>
24           <th>
25               性别
26           </th>
27           <th>
```

```
28              联系电话
29          </th>
30          <th>
31              电子邮件
32          </th>
33          <th>
34              入职日期
35          </th>
36          <th>
37              部门
38          </th>
39          <th>
40              是否离职
41          </th>
42          <th></th>
43      </tr>
44
45      @foreach (var item in Model) {
46      <tr>
47          <td>
48              @Html.DisplayFor(modelItem => item.EmployeeName)
49          </td>
50          <td>
51              @Html.DisplayFor(modelItem => item.EmployeeNumber)
52          </td>
53          <td>
54              @Html.DisplayFor(modelItem => item.Sex)
55          </td>
56          <td>
57              @Html.DisplayFor(modelItem => item.PhoneNumber)
58          </td>
59          <td>
60              @Html.DisplayFor(modelItem => item.Email)
61          </td>
62          <td>
63              @Html.DisplayFor(modelItem => item.HireDate)
64          </td>
65          <td>
66              @Html.DisplayFor(modelItem => item.Department.DepartmentName)
67          </td>
68          <td>
69              @Html.DisplayFor(modelItem => item.IsDeleted)
70          </td>
71          <td>
```

```
72                    @Html.ActionLink("编辑", "Edit", new { id = item.ID }) |
73                    @Html.ActionLink("详情", "Details", new { id = item.ID }) |
74        @if (! item.IsDeleted)
75            {
76        @Html.ActionLink("离职", "Delete", new { id = item.ID })
77            }
78        </td>
79        </tr>
80    }
81
82    </table>
```

代码分析

第74~77行的代码控制当员工在职的情况下才能输出"离职"链接,以防止对离职员工重复执行离职操作。

调试运行应用程序,运行结果如图4.36所示。

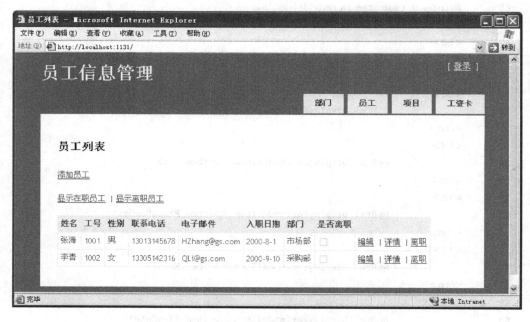

图4.36 运行界面

2. 完善Delete操作方法

在员工的删除操作方法中并不能真正删除员工的信息,只能将其标记为已删除,表示该员工已离职,并记录离职日期。修改Delete操作方法,部分代码如代码清单4.5所示。

代码清单4.5

```
92        //
93        // GET: /Employee/Delete/5
```

```
 94
 95     publicActionResult Delete(int id)
 96     {
 97         Employee employee = db.Employees.Single(e => e.ID == id);
 98         return View(employee);
 99     }
100
101     //
102     // POST: /Employee/Delete/5
103
104     [HttpPost, ActionName("Delete")]
105     publicActionResult DeleteConfirmed(int id)
106     {
107         Employee employee = db.Employees.Single(e => e.ID == id);
108         // db.Employees.DeleteObject(employee);
109         if (employee.IsDeleted == false)
110         {
111             employee.IsDeleted = true;
112             employee.QuitDate = DateTime.Today;
113         }
114         db.SaveChanges();
115         return RedirectToAction("Index");
116     }
```

代码分析

第109行的代码判断员工是否已离职,如果未离职,则下面的if语句块将其标记为已离职,同时记录离职的日期。

任务四 完善部门管理功能

【技能目标】
➢ 能正确处理一对多关系中的添加和删除操作。

任务实施

这个任务中会对DepartmentController控制器中的操作及相关视图做以下几个方面的修改。

1. 完善部门列表操作

同员工列表操作方法一样,在部门列表中只显示未删除的部门,修改Index操作方法,部分代码如代码清单4.6所示的代码。

代码清单4.6

```
 19     publicViewResult Index()
 20     {
```

```
21         return View(db.Departments.Where(d => d.IsDeleted == false).ToList());
22     }
```

💡 **代码分析**

第 21 行代码通过 Where 查询操作筛选出未删除的部门。

2. 完善部门删除操作

在删除部门之前,首先要保证待删除的部门下没有员工,如果有员工要提示用户首先将员工转移至其他部门。修改 Delete 操作方法,代码如代码清单 4.7 所示。

代码清单 4.7

```
082    //
083    // GET：/Department/Delete/5
084
085    publicActionResult Delete(int id)
086    {
087        Department department = db.Departments.Single(d => d.ID == id);
088        if (department.Employees.Count() > 0)
089        return View("departmentDeleteErr");
090        return View(department);
091    }
092
093    //
094    // POST：/Department/Delete/5
095
096    [HttpPost, ActionName("Delete")]
097    publicActionResult DeleteConfirmed(int id)
098    {
099        Department department = db.Departments.Single(d => d.ID == id);
100        if(department.Employees.Count()> 0)
101        return View("departmentDeleteErr");
102        //db.Departments.DeleteObject(department);
103            department.IsDeleted = true;
104            db.SaveChanges();
105        return RedirectToAction("Index");
106    }
```

💡 **代码分析**

第 88 行代码通过 department 对象的导航属性 Employees 数据集的 count 方法来获取部门下的员工数,如果部门下有员工,则返回一个错误视图 departmentDeleteErr.cshtm 的内容。

第 103 行代码将待删除的部门的 IsDeleted 属性设置为 true,以表示该部门已被删除。

在~/Views/Shared 目录中新建一个视图文件 departmentDeleteErr.cshtm,用于显示

删除部门时的错误信息。代码如代码清单4.8所示。

代码清单4.8

```
1    @{
2        ViewBag.Title = "错误";
3    }
4
5    <h2>
6    该部门下有员工,不能删除！请先将员工转移至其他部门。
7    </h2>
8    <p>@Html.ActionLink("返回","Index","Department")</p>
```

调试运行该应用程序,部门管理的界面如图4.37所示。

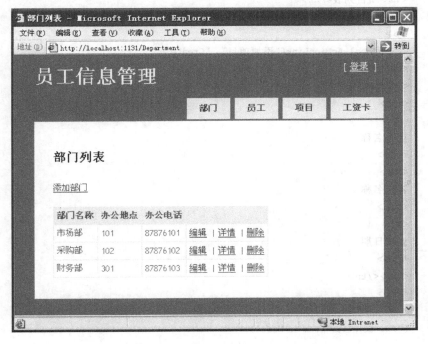

图4.37　运行界面

任务五　完善项目管理功能

【技能目标】
➢ 能正确处理多对多关系中添加和删除操作。

一、任务实施

这个任务中会对ProjectController控制器中的操作及相关视图做以下几个方面的修改。

1. 管理员工与项目的关系

项目与员工是多对多关系,一个项目应该可以有多个员工参与。在这里首先要完成的是将员工添加到项目。

修改 Index.cshtml 视图文件,代码如代码清单 4.9 所示。

代码清单 4.9

```
01  @model IEnumerable<EmployeeInfo.Models.Project>
02
03  @{
04      ViewBag.Title = "项目列表";
05  }
06
07  <h2>项目列表</h2>
08
09  <p>
10      @Html.ActionLink("添加项目", "Create")
11  </p>
12  <table>
13  <tr>
14  <th>
15  项目名称
16  </th>
17  <th>
18  客户名称
19  </th>
20  <th>
21  立项日期
22  </th>
23  <th></th>
24  </tr>
25
26  @foreach (var item in Model) {
27  <tr>
28  <td>
29      @Html.DisplayFor(modelItem => item.ProjectName)
30  </td>
31  <td>
32      @Html.DisplayFor(modelItem => item.CustomerName)
33  </td>
34  <td>
35      @Html.DisplayFor(modelItem => item.CreateDate)
36  </td>
37  <td>
38      @Html.ActionLink("编辑", "Edit", new { id=item.ID }) |
```

```
39                @Html.ActionLink("详情", "Details", new { id = item.ID }) |
40                @Html.ActionLink("添加员工", "Add", new { id = item.ID }) |
41                @Html.ActionLink("删除", "Delete", new { id = item.ID })
42        </td>
43    </tr>
44    }
45
46  </table>
```

> **代码分析**

第 40 行的代码增加给项目添加参与员工的链接。

给 ProjectController 控制器添加 Add 操作方法,部分代码如代码清单 4.10 所示。

代码清单 4.10

```
103    //
104    // GET：/Project/Add/5
105
106    publicActionResult Add(int id)
107    {
108        Project project = db.Projects.Single(p => p.ID == id);
109        int[] empInProject = project.Employees.Select(e => e.ID).ToArray();
110        var employeeList = db.Employees.Where(e => ! empInProject.Contains(e.ID))
111                               .Where(e => e.IsDeleted == false);
112        return View(employeeList);
113    }
114
115    //
116    // POST：/Project/Add/5
117
118    [HttpPost, ActionName("Add")]
119    publicActionResult AddConfirmed(int id,int[] empId)
120    {
121        Project project = db.Projects.Single(p => p.ID == id);
122        if (empId != null)
123        {
124            foreach (var eid in empId)
125            {
126                project.Employees.Add(db.Employees.Single(e => e.ID == eid));
127            }
128            db.SaveChanges();
129        }
130        return RedirectToAction("Index", new { id = proid });
131    }
```

代码分析

第109行的代码查询出参与到该项目中员工的ID,并以整型数组形式返回。

第110~111行的代码查询出参与该项目以外的所有在职员工。

第119行中操作参数empId可以从提交的表单中以数组的形式获取多个复选项的值。

第124~128行的代码将表单提交的员工逐一添加到参与该项目的员工数据集中。

给Add操作方法添加视图,代码如代码清单4.11所示。

代码清单4.11

```
01  @model IEnumerable<EmployeeInfo.Models.Employee>
02
03  @{
04      ViewBag.Title = "添加员工到项目";
05  }
06
07  <h2>请选择参与该项目的员工</h2>
08  @using (Html.BeginForm())
09  {
10      <table>
11          <tr>
12              <th>
13
14              </th>
15              <th>
16                  员工姓名
17              </th>
18              <th>
19                  工号
20              </th>
21              <th>
22                  性别
23              </th>
24              <th>
25                  部门
26              </th>
27              <th></th>
28          </tr>
29
30          @foreach (var item in Model)
31          {
32              <tr>
33                  <td>
34                      <input type="checkbox" name="empId" value="@item.ID" />
35                  </td>
```

```
36          <td>
37                      @Html.DisplayFor(modelItem => item.EmployeeName)
38          </td>
39          <td>
40                      @Html.DisplayFor(modelItem => item.EmployeeNumber)
41          </td>
42          <td>
43                      @Html.DisplayFor(modelItem => item.Sex)
44          </td>
45          <td>
46                      @Html.DisplayFor(modelItem => item.Department.DepartmentName)
47          </td>
48      </tr>
49      }
50      </table>
51      < inputtype = submitvalue = "提交"/>
52      }
```

运行应用程序,运行界面如图 4.38 和图 4.39 所示。

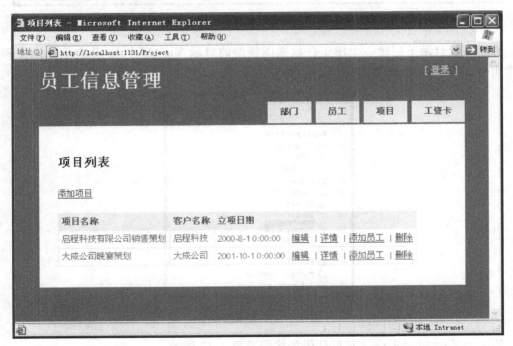

图 4.38 项目列表运行界面

2. 完善列表操作及视图

下面对项目列表界面进行完善,通过单击相应的项目,然后在项目列表下方显示参与该项目的员工列表。要实现这样的功能,在控制器中要向视图传递两个数据列表,一个是项目列表,一个是员工列表。这里使用视图模型比较恰当。

ASP.NET MVC 项目开发教程

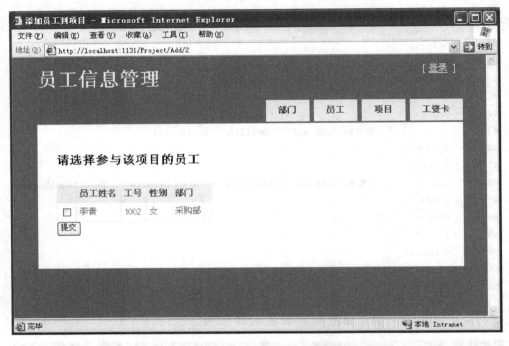

图 4.39 添加项目参与员工运行界面

在项目根目录下创建一个用于存放视图模型的目录 ViewModels，并在该目录中添加一个 ProjectViewModel 类，如图 4.40 所示。

图 4.40 添加视图模型

ProjectViewModel.cs 文件的代码如代码清单 4.12 所示。

代码清单 4.12

```
01    using System.Collections.Generic;
02    using EmployeeInfo.Models;
```

```
03
04      namespace EmployeeInfo.ViewModels
05      {
06      publicclassProjectViewModel
07          {
08      public ProjectViewModel()
09          {
10              Projects = newList<Project>();
11              EmployeesInProject = newList<Employee>();
12          }
13      publicint SelectedProjectID { get; set; }
14      publicList<Project> Projects { get; set; }
15      publicList<Employee> EmployeesInProject { get; set; }
16          }
17      }
```

代码分析

SelectedProjectID 属性保存已选择的项目编号，Projects 保存要传递给视图的项目列表，EmployeesInProject 保存已选中的项目中的参与员工列表。

修改 Index 操作方法，部分代码如代码清单 4.13 所示。注意在 ProjectController.cs 文件中要引入视图模型的命名空间 EmployeeInfo.ViewModels。

代码清单 4.13

```
20      publicViewResult Index(int id = 0)
21      {
22      ProjectViewModel pvm = newProjectViewModel();
23          pvm.SelectedProjectID = id;
24          pvm.Projects = db.Projects.ToList();
25      if (id > 0)
26          {
27      var project = db.Projects.SingleOrDefault(p => p.ID == id);
28          pvm.EmployeesInProject = project.Employees.ToList();
29          }
30      return View(pvm);
31      }
```

代码分析

以上代码中使用 ProjectViewModel 视图模型来构建视图所需要的数据，其中包括了项目列表数据、参与项目的员工列表数据以及当前被选择的项目编号。

修改 Index 视图，代码如代码清单 4.14 所示。

代码清单 4.14

```
001     @model EmployeeInfo.ViewModels.ProjectViewModel
```

```
002    @{
003        ViewBag.Title = "项目列表";
004    }
005    <h2>
006    项目列表</h2>
007    <p>
008        @Html.ActionLink("添加项目", "Create")
009    </p>
010    <table>
011    <tr>
012    <th>
013    </th>
014    <th>
015    项目名称
016    </th>
017    <th>
018    客户名称
019    </th>
020    <th>
021    立项日期
022    </th>
023    <th>
024    </th>
025    </tr>
026        @foreach (var item inModel.Projects)
027        {
028    string selectedcss = "";
029    if (Model.SelectedProjectID == item.ID)
030        {
031            selectedcss = "selected";
032        }
033    
034    <trclass="@selectedcss">
035    <td>
036            @Html.ActionLink("选择", "index", new { id = item.ID })
037    </td>
038    <td>
039            @Html.DisplayFor(modelItem => item.ProjectName)
040    </td>
041    <td>
042            @Html.DisplayFor(modelItem => item.CustomerName)
043    </td>
044    <td>
045            @Html.DisplayFor(modelItem => item.CreateDate)
```

```
046         </td>
047         <td>
048                     @Html.ActionLink("编辑", "Edit", new { id = item.ID }) |
049                     @Html.ActionLink("详情", "Details", new { id = item.ID }) |
050                     @Html.ActionLink("添加员工", "Add", new { id = item.ID }) |
051                     @Html.ActionLink("删除", "Delete", new { id = item.ID })
052         </td>
053     </tr>
054     }
055 </table>
056 @if (Model.SelectedProjectID > 0)
057 {
058 <h3>
059 参与员工</h3>
060
061 <table>
062     <tr>
063         <th>
064 姓名
065         </th>
066         <th>
067 工号
068         </th>
069         <th>
070 性别
071         </th>
072         <th>
073 联系电话
074         </th>
075         <th>
076 部门
077         </th>
078         <th>
079 是否离职
080         </th>
081         <th></th>
082     </tr>
083             @foreach (var item in Model.EmployeesInProject)
084             {
085     <tr>
086         <td>
087                 @Html.DisplayFor(modelItem => item.EmployeeName)
088         </td>
089         <td>
```

```
090                    @Html.DisplayFor(modelItem => item.EmployeeNumber)
091                </td>
092                <td>
093                    @Html.DisplayFor(modelItem => item.Sex)
094                </td>
095                <td>
096                    @Html.DisplayFor(modelItem => item.PhoneNumber)
097                </td>
098                <td>
099                    @Html.DisplayFor(modelItem => item.Department.DepartmentName)
100                </td>
101                <td>
102                    @Html.DisplayFor(modelItem => item.IsDeleted)
103                </td>
104                <td>
105                    @Html.ActionLink("退出项目", "Quit", new { empid = item.ID, proid = Model.SelectedProjectID })
106                </td>
107            </tr>
108        }
109    </table>
110 }
```

💡 代码分析

注意视图文件的第 1 行代码,将视图强类型指定为 ProjectViewModel 类型,这样才能与控制器传递过来的数据类型保持一致。

第 28~37 行的代码实现了将当前选择的项目用高亮背景突出显示的功能。

第 56 行以后的代码实现了显示选择项目的参与员工。

在 ProjectController 中添加 Quit 操作方法,实现员工从项目中退出的功能,部分代码如代码清单 4.15 所示。

代码清单 4.15

```
141    public ActionResult Quit(int empid, int proid)
142    {
143        Project project = db.Projects.Single(p => p.ID == proid);
144        Employee employee = db.Employees.Single(e => e.ID == empid);
145        project.Employees.Remove(employee);
146        db.SaveChanges();
147        return RedirectToAction("Index", new { id = proid});
148    }
```

💡 代码分析

以上代码演示了如何解除两个多对多关系的实体关联,即将实体从对方实体的导航属性中移除。以上代码的另一个版本可以如下描述：

```
public ActionResult Quit(int empid, int proid)
{
    Project project = db.Projects.Single(p => p.ID == proid);
    Employee employee = db.Employees.Single(e => e.ID == empid);
    employee.Projects.Remove(project);
    db.SaveChanges();
    return RedirectToAction("Index", new { id = proid});
}
```

注意比较加粗的代码与代码清单 4.15 中代码的区别，对于多对多关系的解除，可以从任何一方开始。

为了使当前选中的项目突出显示，需要在~/Content/Site.css 文件最后添加代码清单 4.16 所示的 CSS 代码。

代码清单 4.16

```
1    .selected
2    {
3        background-color:yellow;
4    }
```

运行应用程序，运行效果如图 4.41 所示。

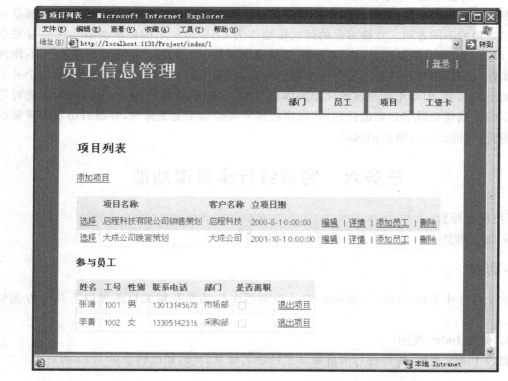

图 4.41 运行界面

二、相关知识：视图模型

要理解视图模型首先要理解什么是数据传输对象（Data Transfer Object，DTO）。顾名思义，DTO 是软件模块之间传输数据的对象。在 Entity Framework 框架下设计出来数据实体模型称为领域模型（Domain Model）。领域模型与软件待解决的问题领域中的对象是一一对应的，在设计领域模型时常常会给模型定义一些操作数据的业务规则代码，这些代码包括了对数据的增删改查等操作。在控制器中，如果将含有数据操作的领域模型对象传递给视图，就会向视图暴露业务规则，使得视图也具有操作数据的能力，这在设计中是要尽量避免的。

控制器的重要任务是给视图提供数据，然后由视图显示数据，视图不需要也不能对数据进行操作。为了安全和职责分离方面的考虑，控制器只能向视图传递纯数据的对象，而 DTO 就承担了这样的一个角色。

视图模型就是 DTO 的一种典型代表，通常只包含领域模型的一个子集，而且只包含视图所需要的数据。此外如果一个视图同时需要几个领域模型的数据，那么视图模型就是这几个领域模型的总和。领域模型和视图模型之间有很多相似的地方，人们经常干脆就把领域当作视图模型来使用了，本书中大部分代码都是这么用的。

回顾代码清单 4.12 中的 ProjectViewModel 类的定义，它封装了视图所需要的数据，控制器可以用这个单一对象将视图所需要的所有数据传递给视图，这样可以简化代码的结构。

从安全方面考虑，不建议直接把领域模型实体暴露给视图，因为有许多细微之处，可能导致混合业务和表示层的逻辑，无论是领域实体的属性显示还是业务的验证规则，这都是应用程序处理的不同方面。直接将你的领域模型作为 Conroller 上的处理参数会面临着安全风险，因为 Controller 或者 Model binder 必须确保属性验证和用户不能修改它自己不能修改的属性（例如，用户手动更新了一个隐藏的输入值，或增加一个额外的属性值，而这个并不是界面上的元素，但却正好是领域模型实体的属性，这种风险叫作 over-posting），即使对当前版本的领域模型做了正确的验证，领域模型将来可能做了变更修改，并没有出现编译错误或者警告，可能也会导致新的风险。

任务六　完善银行卡管理功能

【技能目标】
➢ 能正确处理一对一关系中的添加和删除操作。

任务实施

这个任务中会对 BankCardController 控制器中的操作及相关视图做以下几个方面的修改。

1. 修改 Index 视图

修改 Index 视图，增加银行卡所属员工的姓名信息，代码如代码清单 4.17 所示。

代码清单 4.17

```
01  @model IEnumerable<EmployeeInfo.Models.BankCard>
02  @{
03      ViewBag.Title = "银行卡列表";
04  }
05  <h2>
06  银行卡列表</h2>
07  <p>
08      @Html.ActionLink("添加","Create")
09  </p>
10  <table>
11  <tr>
12  <th>
13  卡号
14  </th>
15  <th>
16  银行名称
17  </th>
18  <th>
19  员工姓名
20  </th>
21  <th>
22  </th>
23  </tr>
24      @foreach (var item in Model)
25      {
26  <tr>
27  <td>
28          @Html.DisplayFor(modelItem => item.CardNumber)
29  </td>
30  <td>
31          @Html.DisplayFor(modelItem => item.BankName)
32  </td>
33  <td>
34          @Html.DisplayFor(modelItem => item.Employee.EmployeeName)
35  </td>
36  <td>
37          @Html.ActionLink("编辑", "Edit", new { id = item.ID }) |
38          @Html.ActionLink("详情", "Details", new { id = item.ID }) |
39          @Html.ActionLink("删除", "Delete", new { id = item.ID })
40  </td>
41  </tr>
42      }
43  </table>
```

运行应用程序,运行效果如图 4.42 所示。

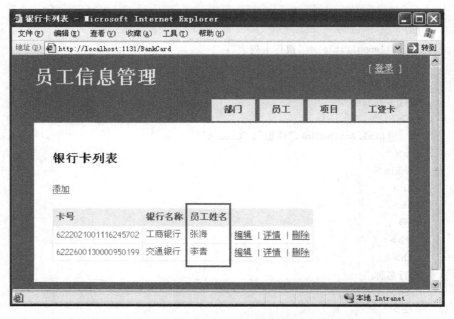

图 4.42 运行界面

2. 完善 Create 操作及视图

银行卡和员工之间是一对一的关系,银行卡添加时必须有所属员工信息。修改 Create 操作方法,部分代码如代码清单 4.18 所示。

代码清单 4.18

```
33      //
34      // GET: /BankCard/Create
35
36      publicActionResult Create()
37      {
38          int[] empHaveCard = db.BankCards.Select(c => c.Employee.ID).ToArray();
39          var empListNoCard = db.Employees.Where(e => ! empHaveCard.Contains(e.ID)).Where
            (e => e.IsDeleted == false).ToList();
40          ViewBag.employeeID = newSelectList(empListNoCard, "ID", "EmployeeName");
41          return View();
42      }
43
44      //
45      // POST: /BankCard/Create
46
47      [HttpPost]
48      publicActionResult Create(BankCard bankcard, int employeeID)
49      {
50          if (ModelState.IsValid)
51          {
```

```
52          var employee = db.Employees.SingleOrDefault(e => e.ID == employeeID);
53                  db.BankCards.AddObject(bankcard);
54                  bankcard.Employee = employee;
55                  db.SaveChanges();
56          return RedirectToAction("Index");
57              }
58
59          return View(bankcard);
60      }
```

代码分析

第 38 行代码查询出已经有银行卡的所有员工的 ID，并以数组的形式存储于 empHaveCard 数组中。

第 39 行代码查询出所有没有添加银行卡的在职员工。

第 40 行代码创建一个 SelectList 对象，以供视图生成员工下拉列表之用。

修改 Create.cshtml 视图，增加员工选择下拉列表，代码如代码清单 4.17 所示。

代码清单 4.19

```
01  @model EmployeeInfo.Models.BankCard
02
03  @{
04      ViewBag.Title = "添加银行卡";
05  }
06
07  <h2>添加银行卡</h2>
08
09  <script src="@Url.Content("~/Scripts/jquery.validate.min.js")" type="text/javascript"></script>
10  <script src="@Url.Content("~/Scripts/jquery.validate.unobtrusive.min.js")" type="text/javascript"></script>
11
12  @using (Html.BeginForm()) {
13      @Html.ValidationSummary(true)
14  <fieldset>
15  <legend>银行卡信息</legend>
16
17  <div class="editor-label">
18      卡号
19  </div>
20  <div class="editor-field">
21          @Html.EditorFor(model => model.CardNumber)
22          @Html.ValidationMessageFor(model => model.CardNumber)
23  </div>
24
25  <div class="editor-label">
26      银行名称
27  </div>
```

```
28      <divclass = "editor - field">
29              @Html.EditorFor(model => model.BankName)
30              @Html.ValidationMessageFor(model => model.BankName)
31      </div>
32
33      <divclass = "editor - label">
34      员工姓名
35      </div>
36      <divclass = "editor - field">
37              @Html.DropDownList("employeeID","")
38              @Html.ValidationMessageFor(model => model.BankName)
39      </div>
40      <p>
41      <inputtype = "submit"value = "添加"/>
42      </p>
43      </fieldset>
44      }
45
46      <div>
47          @Html.ActionLink("返回","Index")
48      </div>
49
```

运行应用程序,运行效果如图4.43所示。

图4.43 运行界面

整个项目到此不得不结束了，必须承认项目中还有很多需要完善的地方，这个项目旨在向读者展示模型优先的程序开发方式，不足的地方希望读者去发现并完善，在这个过程中用户必定会学习到很多的知识与技巧。

习 题 四

拓展训练

使用模型优先方式设计一个商品信息管理 Web 应用程序，实现商品信息、厂家信息、分类信息、经销商信息的管理，功能主要包括对各实体信息的增删改查功能。

实体关系图如下：

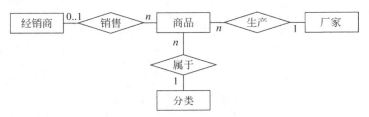

厂家(Manufacturer)实体的定义如表 4.6 所示。

表 4.6 厂家实体定义

字段	字段英文名	备注
厂家名称	Name	必填
厂址	Address	必填
电话	Tel	必填

分类(Category)实体的定义如表 4.7 所示。

表 4.7 分类实体定义

字段	字段英文名	备注
分类名称	Name	必填

商品(Commodity)实体的定义如表 4.8 所示。

表 4.8 商品实体定义

字段	字段英文名	备注
商品名称	Name	必填
单价	UnitPrice	必填
计量单位	Measurement	必填
重量	Weight	必填
库存	Inventory	必填

经销商(Agency)实体的定义如表 4.9 所示。

表 4.9 经销商实体定义

字段	字段英文名	备注
经销商名称	Name	必填
联系人	C_Name	必填
联系人电话	C_Tel	必填
联系人 email	C_Email	不必填

项目五　个人博客

【项目解析】

Vblog 是一个简单的个人博客网站。浏览者可以在博客网站上浏览博主的文章,也可以给博主留言。博主可以在站点上管理自己的文章、文章分类及留言等。网站界面如图 5.1 和图 5.2 所示。

图 5.1　Vblog 博客主页

该项目采用敏捷方法进行团队开发,并采用多次迭代开发。

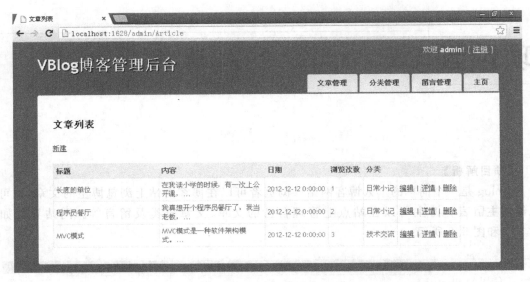

图 5.2 Vblog 后台管理主页

任务一 需求分析

【技能目标】

➢ 学会制订发布计划。

任务实施

1. 角色分析

Vblog 个人博客网站主要有以下两类用户：

◇ 游客

◇ 博主

游客是博客网站的普通访问者，他们无须登录即可访问博客网站上的所有文章，也可以给博客的主人留言和查看其他游客的留言。

博主就是博客的主人，他可以在线管理自己的文章及文章分类，查看所有留言并对留言进行回复和管理。

2. 用户故事的搜集

由于故事的商业价值并不是本书讲述的重点，因此后面所描述的用户故事均省略了商业价值的部分。

1）游客的故事

故事 1
作为一个＜游客＞，我想要＜按文章发布日期倒序查看文章列表＞。

故事 2

作为一个<游客>,我想要<通过关键字搜索文章>。

测试:
- 用至少符合一篇文章的标题关键字进行搜索。
- 用不符合任何一篇文章的标题关键字进行搜索。
- 用空关键字进行搜索。

故事 3

作为一个<游客>,我想要<按文章分类查看文章列表>。

故事 4

作为一个<游客>,我想要<查看浏览次数最多的 10 篇文章的列表>。

故事 5

作为一个<游客>,我想要<查看所有留言>。

故事 6

作为一个<游客>,我想要<给博主留言>。

测试:
- 提交留言时不填写任何信息。
- 提交留言时只填写昵称。
- 提交留言时只填写留言内容。
- 提交留言时填写全部信息。

故事 7

作为一个<游客>,我想要<查看文章详细内容>。

2) 博主的故事

故事 8

作为一个<博主>,我想要<管理文章>。

故事 9

作为一个<博主>,我想要<管理文章分类>。

故事 10

作为一个<博主>,我想要<管理留言>。

故事 11

博主登录后才可以使用管理功能。

3. 故事的估算

以故事点的方式对所有故事进行估算,得到表 5.1 所示的估算成本。

表 5.1 故事估算表

用户故事	责任人	故事点
故事1 作为一个＜游客＞,我想要＜按文章发布日期倒序查看文章列表＞	张三	3
故事2 作为一个＜游客＞,我想要＜通过关键字搜索文章＞	张三	2
故事3 作为一个＜游客＞,我想要＜按文章分类查看文章列表＞	张三	3
故事4 作为一个＜游客＞,我想要＜查看浏览次数最多的10篇文章的列表＞	李四	2
故事5 作为一个＜游客＞,我想要＜查看所有留言＞	李四	2
故事6 作为一个＜游客＞,我想要＜给博主留言＞	李四	2
故事7 作为一个＜游客＞,我想要＜查看文章详细内容＞	李四	2
故事8 作为一个＜博主＞,我想要＜管理文章＞	张三	5
故事9 作为一个＜博主＞,我想要＜管理文章分类＞	李四	5
故事10 作为一个＜博主＞,我想要＜管理留言＞	李四	5
故事11 博主登录后才能使用管理功能	张三	1

4. 发布计划

将所有故事分配到两轮迭代,每个迭代预计处理16个故事点。发布计划如表5.2所示,已按优先级从上至下,由高到低进行排列。

表 5.2 发布计划表

迭代	用户故事	故事点
迭代 1	故事1	16
	故事2	
	故事3	
	故事4	
	故事5	
	故事6	
	故事7	
迭代 2	故事8	16
	故事9	
	故事10	
	故事11	

每次迭代结束后对产品进行一次发布。

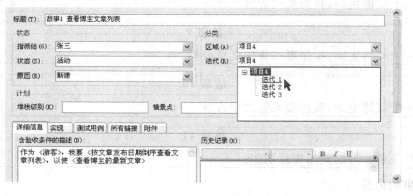

图 5.3 用户情景创建

5. 工作项管理

将发布计划输入至 TFS,以便对项目进行跟踪。如图 5.3 所示,因为本项目分成多个迭代来完成,在创建用户情景时注意选择迭代次序。包括后面任务的创建也要注意与相应的迭代相关联。

任务二　项目创建与资源准备

【技能目标】
- 能将站点使用的静态资源包含在项目的正确位置;
- 能创建自定义布局页。

任务实施

1. 迭代计划

每轮迭代的开始都会先制定本轮迭代的计划,如表 5.3 所示,将迭代 1 中的所有故事分解成任务,并由团队成员各自承担。

表 5.3　迭代 1 迭代计划表

故事	任　　务	责任人	计划时间
	建立团队项目与资源准备	张三	1.5
	创建实体数据模型	张三	2
故事 1	编写文章列表操作方法	张三	1
	编写文章列表视图	张三	1
	编写文章搜索表单页面	张三	0.5
故事 2	编写搜索文章操作方法	张三	1
	编写文章搜索结果视图	张三	1
	编辑布局页面,添加文章列表分部视图的调用	张三	0.5
	编写文章分类列表操作方法	张三	1
故事 3	编写文章分类列表分部视图	张三	1
	编写按分类显示文章列表操作方法	张三	1
	编写显示指定分类的文章列表视图	张三	1
	编辑布局页面,添加文章 Top10 分部操作方法的调用	李四	0.5
故事 4	编写文章 Top10 分部操作方法	李四	1
	编写文章 Top10 列表分部视图	李四	1
故事 5	编写留言列表操作方法	李四	1
	编写留言列表视图	李四	1
故事 6	编写留言提交表单	李四	0.5
	编写留言保存操作方法	李四	1
故事 7	编写文章显示操作方法	李四	1
	编写文章显示视图	李四	1

2. 项目创建与资源准备

创建名为 VBlog 的 ASP.NET MVC 3 团队项目,然后将站点所使用的图片文件和

CSS 文件全部复制到"~/Content"下。如图 5.4 所示，将图片文件放在 images 子目录中，打开"解决方案资源管理器"窗口，单击"显示所有文件"工具按钮，然后将 images 目录和 style.css 文件包含在项目中。

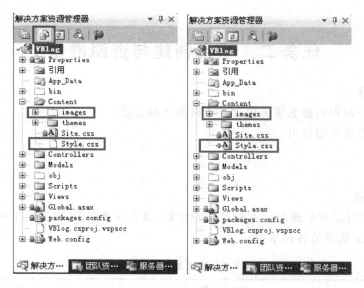

图 5.4　包含在项目中操作

3. 第三方组件的引用

将分页组件的 DLL 文件 mvcpager.dll 复制到"解决方案目录\packages\MvcPager"目录下，将验证码组件的 DLL 文件 mvccaptcha.dll 复制到"解决方案目录\packages\MvcCaptcha"目录下。将 packages 目录添加至源代码管理（注意，将已排除项全部添加至包含项中），如图 5.5 所示，最后将分页组件和验证码组件引用至项目中。

图 5.5　引用第三方组件

4. 创建自定义布局页

在前面的项目中都使用了 VS 2010 自动创建的布局页，而在本项目中默认布局页不再满足需要，因此要编写自己的布局页。布局页面的代码如代码清单 5.1 所示。

代码清单 5.1

```html
1  <!DOCTYPE html PUBLIC "-//W3C//DTD XHTML 1.0 Transitional//EN"
2    "http://www.w3.org/TR/xhtml1/DTD/xhtml1-transitional.dtd">
3  <html xmlns="http://www.w3.org/1999/xhtml">
4  <head>
5      <title>Jason lv博客</title>
6      <meta http-equiv="Content-Type" content="text/html; charset=gb2312" />
7      <link href="@Url.Content("~/Content/Images/jason.ico")" rel="shortcut icon" />
8      <link href="@Url.Content("~/Content/style.css")" rel="stylesheet" type="text/css" />
9  </head>
10 <body>
11     <!--header-->
12     <div class="">
13         <div class="block_header">
14             <div class="SearchBar">
15                 <table border="0" cellspacing="0" cellpadding="0">
16                     <form name="s" action="/Article/search" method="get">
17                     <tr valign="middle" align="right">
18                         <td>
19                             <input type="text" name="key" class="button">
20                         </td>
21                         <td width="50">
22                             <input type="submit" value="搜索" class="submit">
23                         </td>
24                     </tr>
25                     </form>
26                 </table>
27             </div>
28             <div class="clr"></div>
29             <div class="menu">
30                 <ul>
31                     <li>@Html.ActionLink("网站首页", "index","Article")</li>
32                     <li>@Html.ActionLink("关于我", "about","Home")</li>
33                     <li>@Html.ActionLink("我要留言", "index","GuestBook")</li>
34                     <li>@Html.ActionLink("管理", "index", "Article",
35                           new { area = "admin" },null)</li>
36                 </ul>
37             </div>
38             <div class="clr"></div>
39         </div>
40     </div>
41     <div class="clr"></div>
42     <!--middle-->
43     <div class="middle">
44         <div class="body_resize">
45             <div class="News">
46                 <img src="@Url.Content("~/Content/Images/news.gif")"
47                      width="200" height="60" />
48                 <div class="list_xw">
49                     <ul>
50                         <li><a href="/Article/ShowArticle/3">MVC模式</a></li>
51                         <li><a href="/Article/ShowArticle/2">程序员餐厅</a></li>
52                         <li><a href="/Article/ShowArticle/1">长度的单位</a></li>
53                     </ul>
54                 </div>
55                 <img src="@Url.Content("~/Content/Images/list.jpg")"
56                      width="200" height="60" />
57                 <div class="list_fl">
58                     <ul>
59                         <li>
60                             <a href="/Article/ListArticlesByCategory/1">日常小记</a>
61                         </li>
62                         <li>
63                             <a href="/Article/ListArticlesByCategory/2">技术交流</a>
64                         </li>
65                     </ul>
66                 </div>
67                 <img src="@Url.Content("~/Content/Images/link.gif")"
68                      width="200" height="60" />
69                 <div class="list_lj">
70                     <ul>
71                         <li><a href='#' target='_blank'>Jason Lv</a></li>
72                     </ul>
73                 </div>
74             </div>
```

```
75              <div class="mainbody">
76                  @RenderBody()
77              </div>
78              <div class="clr"></div>
79          </div>
80      </div>
81      <div class="clr"></div>
82      <!--footer-->
83      <div class="footer">
84          <div class="resize">
85              <div>
86                  <p>Jason lv Copyright Rights Reserved</p>
87              </div>
88          </div>
89      </div>
90  </body>
91  </html>
```

任务三　创建实体数据模型

【技能目标】
➢ 学会创建关联多实体数据模型。

任务实施

1. 编写文章模型类

在 Model 目录下新建 Article 类，类代码如代码清单 5.2 所示。

代码清单 5.2

```
1   using System;
2   using System.ComponentModel.DataAnnotations;
3
4   namespace VBlog.Models
5   {
6       public class Article
7       {
8           //主键
9           public int ID { get; set; }
10
11          [Required(ErrorMessage = "文章标题必填")]
12          [StringLength(50, ErrorMessage = "文章标题太长了，长度不要超过50")]
13          public string Title { get; set; } //文章标题
14
15          [Required(ErrorMessage = "文章内容必填")]
16          public string Content { get; set; } //文章内容
17
18          [DataType(DataType.Date)]
19          public DateTime addDate { get; set; } //发布日期
20
21          public int Hit { get; set; } //浏览次数
22
23          //外键
24          [Required(ErrorMessage = "分类必填")]
25          public int CategoryID { get; set; }
26
27          //导航属性
28          public virtual Category Category { get; set; }
29      }
30  }
```

2. 编写文章分类模型类

在 Model 目录下新建 Category 类，类代码如代码清单 5.3 所示。

代码清单 5.3

```
1   using System;
2   using System.ComponentModel.DataAnnotations;
3   using System.Collections.Generic;
4
5   namespace VBlog.Models
6   {
7       public class Category
8       {
9           //主键
10          public int ID { get; set; }
11
12          [Required(ErrorMessage = "分类名称字段必须填写")]
13          [StringLength(10, MinimumLength = 2)]
14          public string Name { get; set; } //分类名称
15
16          //导航属性
17          public virtual List<Article> Articles { get; set; }
18      }
19  }
```

3. 编写留言模型类

在 Model 目录下新建 GuestBook 类，类代码如代码清单 5.4 所示。

代码清单 5.4

```
1   using System;
2   using System.ComponentModel.DataAnnotations;
3
4   namespace VBlog.Models
5   {
6       public class GuestBook
7       {
8           //主键
9           public int ID { get; set; }
10
11          [Required(ErrorMessage = "昵称字段必须填写")]
12          [StringLength(20, MinimumLength = 2, ErrorMessage = "昵称长度必须大于4，并小于20")]
13          public String Nickname { get; set; } //昵称
14
15          [Required(ErrorMessage = "留言字段必须填写")]
16          [StringLength(150)]
17          public String Message { get; set; } //留言内容
18
19          public DateTime AddDate { get; set; } //留言时间
20
21          public String Reply { get; set; } //回复
22      }
23  }
```

Article 类、Category 类和 GuestBook 类的对象关系图如图 5.6 所示。

4. 配置 Web.config 链接字符串

在 Web.config 文件中的 <connectionStrings> 节点下添加如下链接字符串：

< add name = "VBlogDBContext"
        connectionString = "Data Source = |DataDirectory|vblog.sdf"
        providerName = "System.Data.SqlServerCe.4.0" />

5. 编写数据库初始化器

在 Model 目录下新建 VBlogInitializer 类，类代码如代码清单 5.5 所示。

ASP.NET MVC 项目开发教程

图 5.6 实体对象关系图

代码清单 5.5

```
1   using System;
2   using System.Collections.Generic;
3   using System.Data.Entity;
4
5   namespace VBlog.Models
6   {
7       public class VBlogInitializer : DropCreateDatabaseIfModelChanges<VBlogDBContext>
8       {
9           protected override void Seed(VBlogDBContext context)
10          {
11              var gbooks = new List<GuestBook>
12              {
13                  new GuestBook(){
14                      Nickname="大虾",
15                      Message="网站很漂亮!",
16                      AddDate=DateTime.Parse("2012-12-12 22:12:17")
17                  },
18                  new GuestBook(){
19                      Nickname="过客",
20                      Message="医生:"你太幸运了,你能康复全靠老天帮忙。"住院病人:"你说:
21                      AddDate=DateTime.Parse("2013-7-16 10:12:00"),
22                      Reply="很好笑^_^"
23                  }
24              };
25              gbooks.ForEach(g => context.GuestBooks.Add(g));
26              context.SaveChanges();
27
28              var categories = new List<Category>
29              {
30                  new Category(){Name="日常小记"},
31                  new Category(){Name="技术交流"}
32
33              };
34              categories.ForEach(c => context.Categories.Add(c));
35              context.SaveChanges();
36
37              var articles = new List<Article>
38              {
39                  new Article(){
40                      Title="长度的单位",
41                      Content="在我读小学的时候,有一次上公开课,老师问我们一个问题:"各位同
42                      addDate=DateTime.Parse("2012-12-12"),
43                      Hit=1,
44                      CategoryID=1
45                  },
```

```
46              new Article(){
47                  Title="程序员餐厅",
48                  Content="我真想开个程序员餐厅了,我当老板,进门时先写代码再进,一楼餐厅
49                  addDate=DateTime.Parse("2012-12-12"),
50                  Hit=2,
51                  CategoryID=1
52              },
53              new Article(){
54                  Title="MVC模式",
55                  Content="  MVC模式是一种软件架构模式。它把软件系统分为3个部分:模型(
56                  addDate=DateTime.Parse("2012-12-12"),
57                  Hit=3,
58                  CategoryID=2
59              }
60          };
61          articles.ForEach(a => context.Articles.Add(a));
62          context.SaveChanges();
63      }
64  }
65 }
```

6. 修改 Global.asax 文件

在 Global.asax 文件中添加如下引用:

```
using System.Data.Entity;
using VBlog.Models;
```

在 Application_Start 方法的最后一行添加如下代码:

```
Database.SetInitializer<VBlogDBContext>(new VBlogInitializer());
```

任务四　实现文章列表的显示

【技能目标】
➢ 学会编写扩展方法。

【知识目标】
➢ 理解扩展方法的概念。

一、任务实施

1. 新建 Article 控制器

在 Controllers 目录下新建名为 ArticleController 的控制器类,并编写文章列表操作方法 Index,代码如代码清单 5.6 所示。

代码清单 5.6

```
1  using System;
2  using System.Collections.Generic;
3  using System.Linq;
4  using System.Web;
5  using System.Web.Mvc;
6  using VBlog.Models;
7  using Webdiyer.WebControls.Mvc;
8
9  namespace VBlog.Controllers
10 {
11     public class ArticleController : Controller
12     {
```

```
13          private VBlogDBContext context = new VBlogDBContext();
14          private int pageSize=2;
15
16          //
17          // GET: /Article/
18
19          public ActionResult Index(int? pageIndex)
20          {
21              var articleQuery = from article in context.Articles
22                                 orderby article.addDate descending
23                                 select article;
24              PagedList<Article> pl = new PagedList<Article>(articleQuery.ToList(),
25                  pageIndex ?? 1, pageSize);
26              return View(pl);
27          }
28      }
29  }
```

2. 修改路由默认值

当在地址栏中输入"http://localhost:xxxx/"URL 时，项目默认路由至 HomeController 控制器的 Index 方法，这与 Global.asax 文件中定义的默认路由有关。修改 Global.asax 文件中的 RegisterRoutes 方法，代码如代码清单 5.7 所示。

代码清单 5.7

```
22  public static void RegisterRoutes(RouteCollection routes)
23  {
24      routes.IgnoreRoute("{resource}.axd/{*pathInfo}");
25
26      routes.MapRoute(
27          "Default", // 路由名称
28          "{controller}/{action}/{id}", // 带有参数的 URL
29          new { controller = "Article", action = "Index", id = UrlParameter.Optional }
30      );
31
32  }
```

代码分析

第 29 行的代码将默认路由定向至 Article 控制器的 Index 操作方法。

3. 编写文章列表视图

创建 ArticleController 控制器 Index 视图，代码如代码清单 5.8 所示。

代码清单 5.8

```
1   @using Webdiyer.WebControls.Mvc
2   @model PagedList<VBlog.Models.Article>
3
4   @{
5       ViewBag.Title = "最新文章";
6   }
7
8   <h5>文章展示</h5>
9   @foreach (var item in Model)
10  {
11      <ul><li>@Html.ActionLink(item.Title, "showArticle", new {ID=item.ID })</li></ul>
12      <div class='content'>@item.Content</div>
13      <div class='note1'>
14            评论(0)
15                  
16          添加日期: @item.addDate.ToShortDateString()
17                      浏览：@item.Hit
18      </div>
19
20  }
21  @Html.Pager(Model)
```

调试运行项目,并浏览至 http://localhost:xxxx/,运行界面如图 5.7 所示。

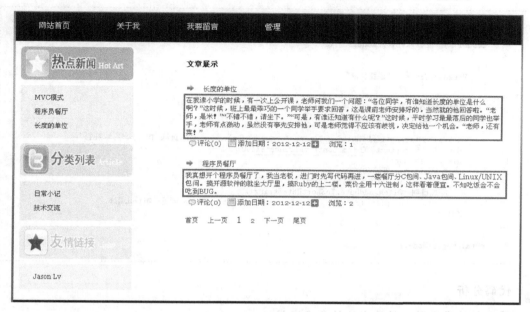

图 5.7 文章列表界面

从图 5.7 中可以看到,文章内容部分通常比较长,全部显示在列表中会破坏界面的布局。下面通过给字符串类添加扩展方法对字符串进行截取来处理过长的字符串。

4. Truncate 扩展方法的定义

在项目的根目录新建一个 Helpers 目录,在 Helpers 目录下新建一个 StringHelper 类,代码如代码清单 5.9 所示。

代码清单 5.9

```
1  using System;
2
3  namespace VBlog.Helpers
4  {
5      public static class StringHelper
6      {
7          public static string Truncate(this String str, int length)
8          {
9              if (str.Length <= length)
10                 return str;
11             else
12                 return str.Substring(0, length - 3) + "...";
13         }
14     }
15 }
```

对项目进行一次生成操作,编译生成 StringHelper 类的可调用代码,以便在项目中使用。

5. 修改文章列表视图

修改文章列表视图 Index.cshtml,代码如代码清单 5.10 所示。

代码清单 5.10

```
1  @using Webdiyer.WebControls.Mvc
2  @using VBlog.Helpers
3  @model PagedList<VBlog.Models.Article>
4
5  @{
6      ViewBag.Title = "最新文章";
7  }
8
9  <h5>文章展示</h5>
10 @foreach (var item in Model)
11 {
12     <ul><li>@Html.ActionLink(item.Title, "showArticle", new {ID=item.ID })</li></ul>
13     <div class='content'>@item.Content.Truncate(100)</div>
14     <div class='note1'>
15           评论(0)
16                
17         添加日期: @item.addDate.ToShortDateString()
18                  浏览：@item.Hit
19     </div>
20
21 }
22 @Html.Pager(Model)
```

代码分析

第 2 行的代码引入扩展方法的命名空间。

第 13 行的代码对文章的内容进行截取，如果长度超过 100 个字符，自动截断并在末尾添加"…"符号。

重新调试运行项目，运行效果如图 5.8 所示。

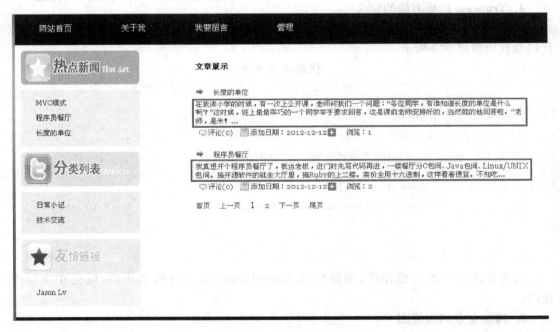

图 5.8　文章列表界面

> **注意**
>
> 当团队成员有人实现了一种工具类时,要及时告知团队成员,以便其他团队成员需要时使用。

二、相关知识:扩展方法

当需要对已有的类型添加新的功能时,当然可以选择从已有的类继承,然后在派生类中加入新的方法,还有另外一个选择,那就是使用扩展方法。扩展方法具有以下特性:

- ◇ 扩展方法是一种特殊的静态方法,它必须定义于静态类中;
- ◇ 扩展方法的第 1 个参数以 this 修饰符为前缀,后跟要扩展的目标类型及其形参;
- ◇ 扩展方法所在的类必须在使用它的类可见范围内,否则需要使用 using 指令将命名空间显式导入到当前源代码中;
- ◇ 扩展方法只能针对实例调用,也就是说,目标类不能为静态类;
- ◇ 扩展方法和被扩展类中某个方法签名相同时,则扩展方法无效;
- ◇ 其他命名空间下的扩展方法的优先级低于当前命名空间下的扩展方法的优先级,优先级最高的是实例方法。

通过扩展方法,就可以在不修改原类型的情况下,对一个类型进行功能上的扩展,而且新的扩展方法可以像在其他类的对象上调用实例方法那样进行调用。

下面看一个示例,为 String 类型添加了一个截断方法:Truncate(int length),它可以将过长的字符串截断,截取长度由形参 length 指定,代码如代码清单 5.11 所示。

代码清单 5.11

```
1  using System;
2
3  namespace ConsoleApplication1
4  {
5      public static class StringHelper
6      {
7          public static string Truncate(this String str, int length)
8          {
9              if (str.Length <= length)
10                 return str;
11             else
12                 return str.Substring(0, length - 3) + "...";
13         }
14     }
15     class Program
16     {
17         static void Main(string[] args)
18         {
19             string str = "This is a test string";
20             Console.WriteLine(str.Truncate(10));
21
22             Console.ReadKey();
23         }
24     }
25 }
```

上述代码的运行结果为"This is..."。

任务五 实现文章搜索功能

任务实施

1. 创建搜索表单

搜索文章的表单已在布局页中预留,局部代码如代码清单5.12所示。

代码清单5.12

```
11          <!--header-->
12          <div class="">
13              <div class="block_header">
14                  <div class="SearchBar">
15                      <table border="0" cellspacing="0" cellpadding="0">
16                          <form name="s" action="/Article/search" method="get">
17                              <tr valign="middle" align="right">
18                                  <td>
19                                      <input type="text" name="key" class="button">
20                                  </td>
21                                  <td width="50">
22                                      <input type="submit" value="搜索" class="submit">
23                                  </td>
24                              </tr>
25                          </form>
26                      </table>
27                  </div>
28                  <div class="clr"></div>
29                  <div class="menu">
```

代码分析

第16行代码中的表单action属性指向"/Article/search",表示表单数据提交给Article控制器的search操作方法。表单的method属性为"get"。这里不使用post方法提交数据是为了分页的方便。此时,Article控制器的search操作方法还没有创建,后面将创建它。

运行效果如图5.9所示。

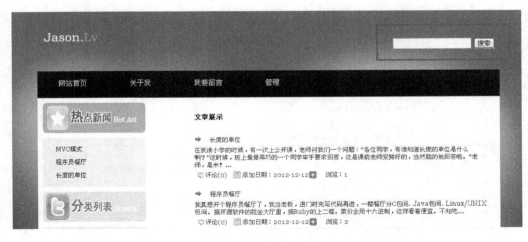

图5.9 搜索界面

2. 编写文章搜索操作方法

在 ArticleController 控制器类中添加一个 Search 操作方法,代码如代码清单 5.13 所示。

代码清单 5.13

```
26      //
27      // GET: /Article/Search
28
29      public ActionResult Search(string key,int? pageIndex)
30      {
31          var articleQuery = from article in context.Articles
32                             select article;
33          if (!String.IsNullOrEmpty(key))
34          {
35              key = key.Trim();
36              articleQuery = articleQuery.Where(a => a.Title.Contains(key));
37          }
38          PagedList<Article> pl = new PagedList<Article>(articleQuery.ToList(),
39              pageIndex ?? 1, pageSize);
40          return View("Index",pl);
41      }
```

代码分析

第 40 行的代码将分页数据列表 pl 传递给了 Index 视图,在这里是对 Index 视图的复用。Index 视图是对具有分页功能的文章列表进行显示,这里 Index 视图完全符合搜索对视图的显示要求,所以没有必要再去重复创建视图。当然,这种复用一定要与团队成员进行交流,告知大家这种复用方法,同时也提醒 Index 视图的编写者,不要轻易改变 Index 视图的类型,以免破坏其他团队成员对视图的复用。

任务六 实现分类列表的显示

【技能目标】
➢ 学会创建分部视图及操作方法。

【知识目标】
➢ 理解分部视图的概念。

一、任务实施

1. 编辑布局页面

根据项目要求,文章分类列表在所有页面中都要显示,位置在页面的左侧。修改布局页面,局部代码如代码清单 5.14 所示。

代码清单 5.14

```
54      <img src="@Url.Content("~/Content/Images/list.jpg")"
55          width="200" height="60" />
56      <div class="list_fl">
57          @{
58              Html.RenderAction("List", "Category");
59          }
60      </div>
61      <img src="@Url.Content("~/Content/Images/link.gif")"
```

💡 **代码分析**

第 58 行的代码使用 Html.RenderAction 辅助方法在此渲染一个分部视图,以动态显示数据库中的文章分类列表。方法参数指定了目标控制器是 Category,目标操作方法是 List,这个控制器及操作方法将在后面创建。

2. 编写文章分类列表操作方法

在 Controllers 目录下创建 CategoryController 控制器类,并添加 List 操作方法,代码如代码清单 5.15 所示。

代码清单 5.15

```csharp
1   using System;
2   using System.Collections.Generic;
3   using System.Linq;
4   using System.Web;
5   using System.Web.Mvc;
6   using VBlog.Models;
7
8   namespace VBlog.Controllers
9   {
10      public class CategoryController : Controller
11      {
12          private VBlogDBContext context = new VBlogDBContext();
13          //
14          // GET: /Category/
15
16          public PartialViewResult List()
17          {
18              return PartialView(context.Categories.ToList());
19          }
20      }
21  }
22
```

💡 **代码分析**

第 16 行的代码中在定义操作方法的返回类型时指定了 PartialViewResult 分部视图类型,同时在第 18 行的 return 语句后面要相应地使用 PartialView 方法向视图传递数据。这样,目标视图就会忽略布局页。

3. 编写文章分类列表分部视图

创建视图/Views/Category/List.cshtml,代码如代码清单 5.16 所示。

代码清单 5.16

```html
1   @model IEnumerable<VBlog.Models.Category>
2
3   <ul>
4   @foreach (var item in Model)
5   {
6       <li>
7           @Html.ActionLink(item.Name, "ListArticlesByCategory", "Article",
8                           new { ID = item.ID }, null)
9       </li>
10  }
11  </ul>
```

💡 **代码分析**

第 7 行的代码通过 Html.ActionLink 辅助方法给分类名称添加了超级链接,链接导航至 Article 控制器的 ListArticlesByCategory 操作方法,该操作方法将在后面创建。

4. 编写按分类显示文章列表操作方法

在 ArticleController 类中添加 ListArticlesByCategory 操作方法,代码如代码清单 5.17 所示。

代码清单 5.17

```
46      //
47      // GET: /Article/ListArticlesByCategory
48
49      public ActionResult ListArticlesByCategory(int id, int? pageIndex)
50      {
51          var category = context.Categories.Find(id);
52          if (category == null)
53              return HttpNotFound();
54          var articleQuery = from article in context.Articles
55                             where article.CategoryID==id
56                             select article;
57          PagedList<Article> pl = new PagedList<Article>(articleQuery.ToList(),
58              pageIndex ?? 1, pageSize);
59          return View("Index", pl);
60      }
```

代码分析

第 51~53 行的代码是为了增强程序的健壮性,对传入的分类 id 参数进行有效性检查,如果分类 id 号不存在,则返回 HTTP 404 错误。

第 59 行的代码中再次对 Index 视图进行复用,后面任务中可不用再去实现。

二、相关知识

1. 分部视图

1) 什么是分部视图

除了返回视图之外,操作方法也可以通过 PartialView() 方法以 PartialViewResult 的形式返回分部视图。下面是一个例子:

```
public class CategoryController: Controller
{
    private VBlogDBContext context = new VBlogDBContext();
    public PartialViewResult List()
    {
        return PartialView(context.Categories.ToList());
    }
}
```

这种情况下,将会渲染视图 List.cshtml,与普通视图不同的是,List.cshtml 视图在渲染时不使用布局页面 _Layout.cshtml。

在分部视图中不能指定布局页面,除此之外,分部视图和普通视图看起来一样,下面是分部视图 List.cshtml 的内容:

```
@model IEnumerable<Vblog.Models.Category>
<ul>
```

```
@foreach(var item in Model)
{
    <li>item.Name</li>
}
```

2)分部视图的调用

在任何需要显示文章分类列表的地方,都可以用下面的代码进行调用,调用返回的结果将会插入才调用位置。

```
@{ Html.RenderAction("List","Category"); }
```

或

```
@Html.Action("List","Category")
```

2. 视图辅助方法

1) Html.Partial 和 Html.RenderPartial

Partial 辅助方法用于将分布视图渲染成字符串。通常情况下,分布视图中包含了在多个不同视图中可重复使用的标记。例如,下面的代码渲染一个名为_LogOnPartial 的分部视图:

```
@Html.Partial("_LogOnPartial")
```

注意:上述代码中没有指定路径和文件扩展名,因为运行时定位分部视图与定位普通视图的逻辑相同,会按下面的顺序来查找视图文件。

◇ 控制器在 Views 目录下的对应目录;

◇ ~/Views/Shared 目录。

RenderPartial 辅助方法与 Partial 非常相似,但 RenderPartial 不是返回字符串,而是直接写入响应输出流。出于这个原因,必须把 RenderPartial 方法放入代码块中,而不是放在代码表达式中。下面的两行代码具有相同的效果:

```
@{ Html.RenderPartial("_LogOnPartial"); }
@Html.Partial("_LogOnPartial")
```

Partial 相对于 RenderPartial 来说更方便,所以一般会选择使用 Partial。然而,RenderPartial 有较好的性能,因为它直接写入响应流,但这种性能优势需要大量的使用才能看出效果。

2) Html.Action 和 Html.RenderAction

Action 和 RenderAction 辅助方法类似于 Partial 和 RenderPartial 辅助方法。Partial 辅助方法通常用来直接渲染某个分部视图模板,而 Action 是执行单独的控制器操作来显示结果。Action 提供了更多的灵活性和重用性,因为控制器操作可以建立不同的模型,可以利用单独的控制器上下文。

同样,Action 和 RenderAction 之间的不同与 Partial 和 RenderPartial 之间的差别是一样的。

假设存在下面的两个控制器方法:

```
public class MyController{
    public ActionResult Index()
    {
      return View();
    }

    [ChildActionOnly]
    public ActionResult Menu()
    {
      var menu = GetMenuFromSomeWhere();
      return PartialView(menu);
    }
}
```

Menu 操作构建一个菜单模型并返回一个带有菜单的分部视图：

```
@model Menu
<ul>
@foreach(var item in Model.MenuItem)
{
  <li>@item</li>
}
</ul>
```

在 Index.cshtml 视图中，可以调用 Menu 操作来显示菜单：

```
<html>
<head><title>Index with Menu</title></head>
<body>
    @Html.Action("Menu")
    <h1>welcome to the Index View</h1>
</body>
</html>
```

注意，Menu 操作使用了 ChildActionOnlyAttribute 特性标记。这个特性设置防止了运行时直接通过 URL 来调用 Menu 操作，而只能通过 Action 或 RenderAction 方法来调用。ChildActionOnlyAttribute 特性不是必需的，但通常在编写子操作时推荐使用。

任务七　实现文章点击排行的显示

任务实施

1. 编辑布局页面

在布局页面中添加对文章 Top10 的分部操作方法的调用，局部代码如代码清单 5.18 所示。

代码清单 5.18

```
45      <img src="@Url.Content("~/Content/Images/news.gif")"
46          width="200" height="60" />
47      <div class="list_xw">
48          @{
49              Html.RenderAction("Top10", "Article");
50          }
51      </div>
52      <img src="@Url.Content("~/Content/Images/list.jpg")"
53          width="200" height="60" />
```

2. 编写文章 Top10 分部操作方法

在 ArticleController 类中添加 Top10 分部操作方法，代码如代码清单 5.19 所示。

代码清单 5.19

```
62      //
63      // GET: /Article/Top10
64
65      public PartialViewResult Top10()
66      {
67          var articleQuery = from article in context.Articles
68                             orderby article.Hit descending
69                             select article;
70          return PartialView(articleQuery.Take(10).ToList());
71      }
```

3. 编写文章 Top10 列表分部视图

添加 Views/Article/Top10.cshtml 视图，代码如代码清单 5.20 所示。

代码清单 5.20

```
1   @model IEnumerable<VBlog.Models.Article>
2
3   <ul>
4   @foreach (var item in Model)
5   {
6       <li>@Html.ActionLink(item.Title, "ShowArticle", new { ID = item.ID })</li>
7   }
8   </ul>
```

任务八　实现留言查看功能

任务实施

1. 编写留言列表操作方法

在 Controllers 目录下新建控制器类 GuestBookController，并添加 Index 操作方法，代码如代码清单 5.21 所示。

代码清单 5.21

```
1   using System;
2   using System.Collections.Generic;
3   using System.Linq;
4   using System.Web;
5   using System.Web.Mvc;
6   using VBlog.Models;
7   using Webdiyer.WebControls.Mvc;
8
```

```
9   namespace VBlog.Controllers
10  {
11      public class GuestBookController : Controller
12      {
13          private VBlogDBContext context = new VBlogDBContext();
14          private int pageSize=10;
15          //
16          // GET: /GuestBook/
17
18          public ActionResult Index(int? pageIndex)
19          {
20              var guestbookQuery = from gb in context.GuestBooks
21                                   orderby gb.AddDate descending
22                                   select gb;
23              PagedList<GuestBook> pl = new PagedList<GuestBook>(guestbookQuery.ToList(),
24                                   pageIndex ?? 1, pageSize);
25              return View(pl);
26          }
27
28      }
29  }
```

2. 编写留言列表视图

添加/Views/GuestBook/Index.cshtml 视图，代码如代码清单 5.22 所示。

代码清单 5.22

```
1   @using Webdiyer.WebControls.Mvc
2   @model PagedList<VBlog.Models.GuestBook>
3
4   @{
5       ViewBag.Title = "留言列表";
6   }
7   <h5>
8       博客留言
9   </h5>
10  <div class="list">
11      <ul>
12      @foreach (var m in Model)
13      {
14          <div class='gbook'>@m.Nickname<span> / @m.AddDate</span></div>
15          <div class='gbook2'>@m.Message</div>
16          if(m.Reply != null)
17          {
18              <fieldset style="border: #cccccc solid 1px; margin-bottom: 5px; margin-top: 3px">
19                  <legend style="margin-left: 20px; color: #f00">回复: @m.Nickname</legend>
20                  <div class="gbook_r">@m.Reply</div>
21              </fieldset>
22          }
23      }
24      </ul>
25
26  </div>
27  @Html.Pager(Model)
```

任务九　实现留言提交的功能

任务实施

1. 编写留言提交表单

根据项目需求，留言提交表单可以出现在留言列表的最下面。修改留言列表视图，在留言列表视图的最后添加如代码清单 5.23 所示代码。

代码清单 5.23

```
28      <br />
29      <br />
30      <br />
31      <div class="gbook2">
32      @using (Html.BeginForm())
33      {
34          <table width="500" border="0" cellspacing="1" cellpadding="1">
35
36              <tr>
37                  <td width="80" align="center">
38                      昵  称:
39                  </td>
40                  <td>
41                      <input type="text" name="nickName" value="@ViewBag.Nickname" />
42                      @Html.ValidationMessage("nickname")
43                  </td>
44              </tr>
45              <tr>
46                  <td align="center">
47                      内  容:
48                  </td>
49                  <td>
50                      <textarea cols="50" rows="6" name="message">@ViewBag.Message</textarea><br />
51                      @Html.ValidationMessage("message")
52                  </td>
53              </tr>
54              <tr>
55                  <td>
56                  </td>
57                  <td>
58                      @Html.MvcCaptcha()
59                      <span id="captchaImage"></span><br /><br />
60                      请输入上边图片中的文字:
61                      <input type="text" name="_mvcCaptchaText" id="_mvcCaptchaText" />
62                      @Html.ValidationMessage("_mvcCaptchaText")
63                  </td>
64              </tr>
65              <tr>
66                  <td>
67                  </td>
68                  <td>
69                      <input type="submit" value="留言" />
70                  </td>
71              </tr>
72          </table>
73      }
74      </div>
```

代码分析

第 58～59 行的代码产生验证码输入框，显示效果如图 5.10 所示。

图 5.10 验证码界面

2. 编写留言保存操作方法

在 GuestBookController 控制器类中添加 HTTP POST Index 操作方法,代码如代码清单 5.24 所示。

代码清单 5.24

```
28    //
29    //POST: /GuestBook/
30    [HttpPost, ValidateMvcCaptcha]
31    public ViewResult Index(GuestBook gbook)
32    {
33        if (ModelState.IsValid)
34        {
35            gbook.AddDate = DateTime.Now;
36            context.GuestBooks.Add(gbook);
37            context.SaveChanges();
38            ViewBag.Nickname = "";
39            ViewBag.Message = "";
40        }
41        else
42        {
43            ViewBag.Nickname = gbook.Nickname;
44            ViewBag.Message = gbook.Message;
45        }
46
47        var guestbookQuery = from gb in context.GuestBooks
48                             orderby gb.AddDate descending
49                             select gb;
50        PagedList<GuestBook> pl = new PagedList<GuestBook>(guestbookQuery.ToList(),
51                                                          1, pageSize);
52        return View(pl);
53    }
```

💡 代码分析

第 30 行的 ValidateMvcCaptcha 是对验证码的验证属性类。

任务十　实现全篇文章的显示

任务实施

1. 编写文章显示操作方法

在 ArticleController 控制器类中添加 ShowArticle 操作方法,代码如代码清单 5.25 所示。

代码清单 5.25

```
73    //
74    // GET: /Article/ShowArticle
75
76    public ActionResult ShowArticle(int id)
77    {
78        var article = context.Articles.Find(id);
79        if (article == null)
80        {
81            return HttpNotFound();
82        }
83        article.Hit++;
84        context.SaveChanges();
85        return View(article);
86    }
```

2. 编写文章显示视图

创建/Views/Article/ShowArticle.cshtml 视图,代码如代码清单 5.26 所示。

代码清单 5.26

```
1  @model VBlog.Models.Article
2  @{
3      ViewBag.Title = "文章详情";
4  }
5
6  <center>
7      <p><strong>@Model.Title</strong></p>
8  </center>
9  <div class="content">
10     @Model.Content
11 </div>
12 <br />
13 <div class="note">
14     添加日期:@Model.addDate.ToShortDateString()   浏览量:
15     @Model.Hit   来源: @Model.Category.Name    <br />
16     <br />
17     <ul>
18     </ul>
19 </div>
20 <div class="clr"></div>
```

任务十一 实现文章管理

【任务说明】

从本任务开始就要实现迭代 2 中的故事,每轮迭代开始时要制定迭代计划,如果有较大的故事还要进行进一步的分解,并与客户进行确认。

【技能目标】

➢ 学会创建 MVC 区域。

【知识目标】

➢ 理解 MVC 区域的概念。

一、任务实施

1. 迭代计划

如表 5.4 所示,将迭代 2 中的所有故事分解成任务,并由团队成员各自承担。

表 5.4 迭代 2 迭代计划表

故事	任 务	责任人	计划时间
故事 8	建立管理区域	张三	
	添加含读/写操作和视图的文章管理控制器	张三	
故事 9	添加含读/写操作和视图的分类管理控制器	李四	
故事 10	添加含读/写操作和视图的留言管理控制器	李四	
故事 11	配置成员资格数据	张三	

2. 建立管理区域

如图 5.11 所示,在项目名称上右击,选择"添加→区域"命令。

如图 5.12 所示,在"添加区域"对话框中输入区域名称 admin,然后单击"添加"按钮。

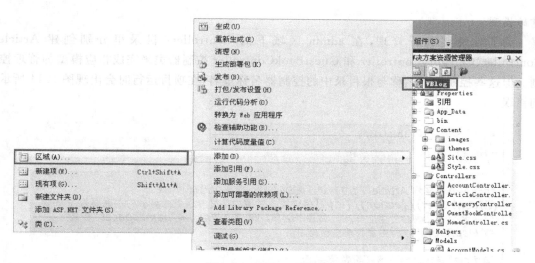

图 5.11 添加区域操作

图 5.12 "添加区域"对话框

如图 5.13 所示,区域创建成功后会在项目根目录下创建一个 Areas 目录及其子目录结构。

图 5.13 区域目录结构

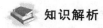
知识解析

在 admin 区域目录下会有完整的 MVC 目录结构,即 Controllers、Models 和 Views 目录。管理区域下主要存放用于后台管理的控制器。本项目中的管理对象主要包括 Article、Category 和 GuestBook 类。这些实体数据模型已经在根目录的 Models 目录下创建了,因此在 admin 区域下的 Models 目录中无须再创建模型,admin 区域可以直接使用根目录下创建的模型。

为了对模型进行管理,在 admin 区域下的 Controllers 目录里分别创建 ArticleController、CategoryController 和 GuestBookController 控制器类来完成相应模型的管理控制。但这些控制器的名称与根目录中的控制器名称重名,在项目运行时会出现图 5.14 所示的错误。

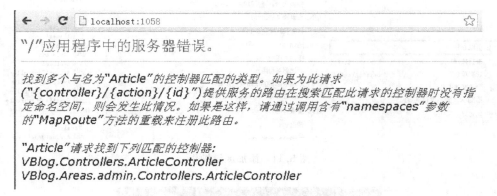

图 5.14 控制器冲突错误提示

为了解决这个问题,需要修改根目录 Global.asax 文件中的 RegisterRoutes 方法,代码如代码清单 5.27 所示。

代码清单 5.27

```
22    public static void RegisterRoutes(RouteCollection routes)
23    {
24        routes.IgnoreRoute("{resource}.axd/{*pathInfo}");
25
26        routes.MapRoute(
27            "Default", // 路由名称
28            "{controller}/{action}/{id}", // 带有参数的 URL
29            new { controller = "Article", action = "Index", id = UrlParameter.Optional },
30            new String[]{"VBlog.Controllers"}
31        );
32    }
33 }
```

代码分析

第 30 行代码在 MapRoute 方法中追加一个参数,用以说明根目录下的请求所对应的控制器命名空间。

除此之外,还要修改 admin 区域中的 adminAreaRegistration.cs 文件的 RegisterArea 方法,代码如代码清单 5.28 所示。

代码清单 5.28

```
15    public override void RegisterArea(AreaRegistrationContext context)
16    {
17        context.MapRoute(
18            "admin_default",
19            "admin/{controller}/{action}/{id}",
20            new { action = "Index", id = UrlParameter.Optional },
21            new string[]{"VBlog.Areas.admin.Controllers"}
22        );
23    }
```

> 💡 **代码分析**

第 21 行代码在 MapRoute 方法中追加一个参数，用以说明根 admin 区域下的请求所对应的控制器命名空间。

3. 创建 admin 区域的布局页

admin 区域中将使用不同于根目录的布局页面，因此要在 admin 区域的 Views/Shared 目录下将重新创建用于该区域的布局页面 _Layout.cshtml，代码如代码清单 5.29 所示。

代码清单 5.29

```
1   <!DOCTYPE html>
2   <html>
3   <head>
4       <title>@ViewBag.Title</title>
5       <link href="@Url.Content("~/Content/Site.css")" rel="stylesheet" type="text/css" />
6       <script src="@Url.Content("~/Scripts/jquery-1.5.1.min.js")" type="text/javascript"></script>
7   </head>
8   <body>
9       <div class="page">
10          <div id="header">
11              <div id="title">
12                  <h1>VBlog博客管理后台</h1>
13              </div>
14              <div id="logindisplay">
15                  @Html.Partial("_LogOnPartial")
16              </div>
17              <div id="menucontainer">
18                  <ul id="menu">
19                      <li>@Html.ActionLink("文章管理", "Index", "Article")</li>
20                      <li>@Html.ActionLink("分类管理", "Index", "Category")</li>
21                      <li>@Html.ActionLink("留言管理", "Index", "GuestBook")</li>
22                      <li>@Html.ActionLink("主页", "index", "Article", new { area = "" },null)</li>
23                  
24                  </ul>
25              </div>
26          </div>
27          <div id="main">
28              @RenderBody()
29          </div>
30          <div id="footer">
31          </div>
32      </div>
33  </body>
34  </html>
```

在 admin 区域的 Views 目录下创建 _ViewStart.cshtml 文件，文件中的代码会自动应用到 admin 区域中的每个视图，代码如代码清单 5.30 所示。

代码清单 5.30

```
1   @{
2       Layout = "~/Areas/admin/Views/Shared/_Layout.cshtml";
3   }
```

> ❗ **注意**

以上任务完成后，要将对项目的修改签入至 TFS，以便其他团队成员可以开始工作。

4. 添加含读/写操作和视图的 Article 控制器

在 admin 区域的 Controllers 目录下添加控制器，在"添加控制器"对话框中，按图 5.15 所示的图中的选项新建控制器（如果所要的选项没有出现，请先执行生成项目的操作）。

单击"添加"按钮后，VS 2010 会自动创建包含读写操作和所有相关视图的操作方法和

图 5.15 "添加控制器"对话框

视图文件,如图 5.16 所示。

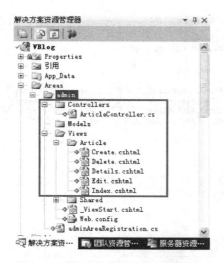

图 5.16 "解决方案资源管理器"窗口

剩下的工作就是适当修改操作方法和视图文件,以使它们更符合项目的要求。

根据分页要求及程序健壮性要求,对 admin 区域中的 ArticleController 类进行适当修改,修改后的完整代码如代码清单 5.31 所示。

代码清单 5.31

```
1   using System;
2   using System.Collections.Generic;
3   using System.Data;
4   using System.Data.Entity;
5   using System.Linq;
6   using System.Web;
7   using System.Web.Mvc;
8   using VBlog.Models;
9   using Webdiyer.WebControls.Mvc;
10
11  namespace VBlog.Areas.admin.Controllers
12  {
13      public class ArticleController : Controller
14      {
```

```
15            private VBlogDBContext db = new VBlogDBContext();
16            private int pageSize = 10;
17
18            //
19            // GET: /admin/Article/
20
21            public ViewResult Index(int? pageindex)
22            {
23                var articles = db.Articles.Include(a => a.Category);
24                PagedList<Article> pla = new PagedList<Article>(articles.ToList(),
25                                                    pageindex ?? 1, pageSize);
26
27                return View(pla);
28            }
29
30
31            //
32            // GET: /admin/Article/Details/5
33
34            public ActionResult Details(int id)
35            {
36                Article article = db.Articles.Find(id);
37                if (article == null)
38                    return HttpNotFound();
39                return View(article);
40            }
41
42            //
43            // GET: /admin/Article/Create
44
45            public ActionResult Create()
46            {
47                ViewBag.CategoryID = new SelectList(db.Categories, "ID", "Name");
48                return View();
49            }
50
51            //
52            // POST: /admin/Article/Create
53
54            [HttpPost]
55            public ActionResult Create(Article article)
56            {
57                if (ModelState.IsValid)
58                {
59                    article.addDate = DateTime.Now;
60                    db.Articles.Add(article);
61                    db.SaveChanges();
62                    return RedirectToAction("Index");
63                }
64
65                ViewBag.CategoryID =
66                    new SelectList(db.Categories, "ID", "Name", article.CategoryID);
67                return View(article);
68            }
69
70            //
71            // GET: /admin/Article/Edit/5
72
73            public ActionResult Edit(int id)
74            {
75                Article article = db.Articles.Find(id);
76                if (article == null)
77                    return HttpNotFound();
78                ViewBag.CategoryID =
79                    new SelectList(db.Categories, "ID", "Name", article.CategoryID);
80                return View(article);
81            }
82
83            //
84            // POST: /admin/Article/Edit/5
85
86            [HttpPost]
87            public ActionResult Edit(Article article)
88            {
89                if (ModelState.IsValid)
90                {
91                    db.Entry(article).State = EntityState.Modified;
```

```csharp
92              db.SaveChanges();
93              return RedirectToAction("Index");
94          }
95          ViewBag.CategoryID =
96              new SelectList(db.Categories, "ID", "Name", article.CategoryID);
97          return View(article);
98      }
99
100     //
101     // GET: /admin/Article/Delete/5
102
103     public ActionResult Delete(int id)
104     {
105         Article article = db.Articles.Find(id);
106         if (article == null)
107             return HttpNotFound();
108         return View(article);
109     }
110
111     //
112     // POST: /admin/Article/Delete/5
113
114     [HttpPost, ActionName("Delete")]
115     public ActionResult DeleteConfirmed(int id)
116     {
117         Article article = db.Articles.Find(id);
118         db.Articles.Remove(article);
119         db.SaveChanges();
120         return RedirectToAction("Index");
121     }
122
123     protected override void Dispose(bool disposing)
124     {
125         db.Dispose();
126         base.Dispose(disposing);
127     }
128 }
129 }
```

对~/Areas/admin/Views/Article/Index.cshtml 视图文件进行适当修改，修改后的完整代码如代码清单 5.32 所示。

代码清单 5.32

```cshtml
1   @using Webdiyer.WebControls.Mvc;
2   @using VBlog.Helpers;
3   @model PagedList<VBlog.Models.Article>
4
5   @{
6       ViewBag.Title = "文章列表";
7   }
8
9   <h2>文章列表</h2>
10
11  <p>
12      @Html.ActionLink("新建", "Create")
13  </p>
14  <table>
15      <tr>
16          <th>标题</th>
17          <th>内容</th>
18          <th>日期</th>
19          <th>浏览次数</th>
20          <th>分类</th>
21          <th></th>
22      </tr>
23
24  @foreach (var item in Model) {
25      <tr>
26          <td style="width:200px; overflow:hidden">
27              @Html.DisplayFor(modelItem => item.Title)
28          </td>
29          <td style="width:200px; overflow:hidden">
30              @Html.DisplayFor(modelItem => item.Content).ToString().Truncate(20)
31          </td>
```

```
32          <td>
33              @Html.DisplayFor(modelItem => item.addDate)
34          </td>
35          <td>
36              @Html.DisplayFor(modelItem => item.Hit)
37          </td>
38          <td>
39              @Html.DisplayFor(modelItem => item.Category.Name)
40          </td>
41          <td>
42              @Html.ActionLink("编辑", "Edit", new { id=item.ID }) |
43              @Html.ActionLink("详情", "Details", new { id=item.ID }) |
44              @Html.ActionLink("删除", "Delete", new { id=item.ID })
45          </td>
46      </tr>
47  }
48
49  </table>
50  @Html.Pager(Model)
```

对~/Areas/admin/Views/Article/Create.cshtml 视图文件进行适当修改,修改后的完整代码如代码清单 5.33 所示。

代码清单 5.33

```
1   @model VBlog.Models.Article
2
3   @{
4       ViewBag.Title = "新建文章";
5   }
6
7   <script src="@Url.Content("~/Scripts/jquery.validate.min.js")"
8           type="text/javascript"></script>
9   <script src="@Url.Content("~/Scripts/jquery.validate.unobtrusive.min.js")"
10          type="text/javascript"></script>
11
12  @using (Html.BeginForm()) {
13      @Html.ValidationSummary(true)
14      <fieldset>
15          <legend>新建文章</legend>
16
17          <div class="editor-label">
18              文章标题
19          </div>
20          <div class="editor-field">
21              @Html.EditorFor(model => model.Title)
22              @Html.ValidationMessageFor(model => model.Title)
23          </div>
24
25          <div class="editor-label">
26              文章内容
27          </div>
28          <div class="editor-field">
29              @Html.TextAreaFor(model => model.Content, 5, 50, null)
30              @Html.ValidationMessageFor(model => model.Content)
31          </div>
32
33          <div class="editor-label">
34              文章分类
35          </div>
36          <div class="editor-field">
37              @Html.DropDownList("CategoryID", String.Empty)
38              @Html.ValidationMessageFor(model => model.CategoryID)
39          </div>
40
41          <p>
42              <input type="submit" value="保存" />
43          </p>
44      </fieldset>
45  }
46
47  <div>
48      @Html.ActionLink("返回列表", "Index")
49  </div>
```

对 ~/Areas/admin/Views/Article/Delete.cshtml 视图文件进行适当修改，修改后的完整代码如代码清单 5.34 所示。

代码清单 5.34

```
1   @model VBlog.Models.Article
2
3   @{
4       ViewBag.Title = "文章删除确认";
5   }
6
7   <h3 style="color:Red">你确定要删除这篇文章吗？</h3>
8   <fieldset>
9       <legend>文章详情</legend>
10
11      <div class="display-label">标题</div>
12      <div class="display-field">
13          @Html.DisplayFor(model => model.Title)
14      </div>
15
16      <div class="display-label">内容</div>
17      <div class="display-field">
18          @Html.DisplayFor(model => model.Content)
19      </div>
20
21      <div class="display-label">日期</div>
22      <div class="display-field">
23          @Html.DisplayFor(model => model.addDate)
24      </div>
25
26      <div class="display-label">浏览次数</div>
27      <div class="display-field">
28          @Html.DisplayFor(model => model.Hit)
29      </div>
30
31      <div class="display-label">分类</div>
32      <div class="display-field">
33          @Html.DisplayFor(model => model.Category.Name)
34      </div>
35  </fieldset>
36  @using (Html.BeginForm()) {
37      <p>
38          <input type="submit" value="删除" /> |
39          @Html.ActionLink("返回列表", "Index")
40      </p>
41  }
```

对 ~/Areas/admin/Views/Article/Details.cshtml 视图文件进行适当修改，修改后的完整代码如代码清单 5.35 所示。

代码清单 5.35

```
1   @model VBlog.Models.Article
2
3   @{
4       ViewBag.Title = "文章详情";
5   }
6
7   <fieldset>
8       <legend>文章详情</legend>
9
10      <div class="display-label">标题</div>
11      <div class="display-field">
12          @Html.DisplayFor(model => model.Title)
13      </div>
14
15      <div class="display-label">内容</div>
16      <div class="display-field">
17          @Html.DisplayFor(model => model.Content)
18      </div>
```

```
19
20      <div class="display-label">日期</div>
21      <div class="display-field">
22          @Html.DisplayFor(model => model.addDate)
23      </div>
24
25      <div class="display-label">浏览次数</div>
26      <div class="display-field">
27          @Html.DisplayFor(model => model.Hit)
28      </div>
29
30      <div class="display-label">分类</div>
31      <div class="display-field">
32          @Html.DisplayFor(model => model.Category.Name)
33      </div>
34  </fieldset>
35  <p>
36      @Html.ActionLink("编辑", "Edit", new { id=Model.ID }) |
37      @Html.ActionLink("返回列表", "Index")
38  </p>
```

对~/Areas/admin/Views/Article/Edit.cshtml视图文件进行适当修改,修改后的完整代码如代码清单5.36所示。

代码清单5.36

```
1   @model VBlog.Models.Article
2
3   @{
4       ViewBag.Title = "文章编辑";
5   }
6
7   <script src="@Url.Content("~/Scripts/jquery.validate.min.js")"
8           type="text/javascript"></script>
9   <script src="@Url.Content("~/Scripts/jquery.validate.unobtrusive.min.js")"
10          type="text/javascript"></script>
11
12  @using (Html.BeginForm()) {
13      @Html.ValidationSummary(true)
14      @Html.HiddenFor(model => model.Hit)
15      @Html.HiddenFor(model => model.addDate)
16      <fieldset>
17          <legend>文章编辑</legend>
18
19          @Html.HiddenFor(model => model.ID)
20
21          <div class="editor-label">
22              标题
23          </div>
24          <div class="editor-field">
25              @Html.EditorFor(model => model.Title)
26              @Html.ValidationMessageFor(model => model.Title)
27          </div>
28
29          <div class="editor-label">
30              内容
31          </div>
32          <div class="editor-field">
33              @Html.TextAreaFor(model => model.Content, 10, 50, null)
34              @Html.ValidationMessageFor(model => model.Content)
35          </div>
36
37          <div class="editor-label">
38              分类
39          </div>
40          <div class="editor-field">
41              @Html.DropDownList("CategoryID", String.Empty)
42              @Html.ValidationMessageFor(model => model.CategoryID)
43          </div>
44
45          <p>
46              <input type="submit" value="保存" />
```

```
47            </p>
48         </fieldset>
49     }
50
51     <div>
52         @Html.ActionLink("返回列表", "Index")
53     </div>
```

二、相关知识：MVC 区域

ASP.NET MVC 中，是依靠某些文件夹以及类的固定命名约定去组织 Models 实体层、Views 视图层和 Controllers 控制器层的。如果是大规模的应用程序，经常会由不同功能的模块组成，而每个功能模块都由 MVC 中的三层所构成，因此，随着应用程序规模的增大，如何组织这些不同功能模块中的 MVC 三层的目录结构，有时对开发者来说显得是种负担。

幸运的是，ASP.NET MVC 允许开发者将应用划分为"区域"(Area) 的概念，每个区域都是按照 ASP.NET MVC 的约定对文件目录结构和类进行命名。简单来说，Areas 是将 ASP.NET MVC 应用按照不同的功能模块划分的，对每个功能模块使用 ASP.NET MVC 约定的目录结构和命名方法。

例如，Vblog 博客站点包括前台子系统和后台管理子系统，前台子系统可以建立在站点的根目录中，而后台管理子系统则单独划分一个 admin 区域，所有有关后台管理的功能都放置在这个区域中。对区域子系统的 Web 请求通常要在站点主页地址后面加上区域的名称，如对 Vblog 博客站点后台管理的访问要找主页地址后面加上 admin(http://localhost:xxxx/admin/)。这种将多个子系统划分在不同的区域中的做法，有效地缓解了大型站点管理的复杂性和命名空间的名称冲突。

1. 在 MVC 框架中注册区域

如何告诉 ASP.NET MVC 框架 area 已经建立好了呢？大家知道，基于 ASP.NET MVC 框架的 Web 应用程序建立在路由系统的基础上，路由系统必须知道所有区域，才能有效地响应对区域的 HTTP 请求。

可以通过为每一个区域创建区域注册类来配置区域路由，创建的类要派生自 AreaRegistration 类，还要重写其中的 AreaName 和 RegisterArea 成员。在项目的 Global.asax 文件中的 Application_Start 方法中存在一个对 AreaRegistration.RegisterAllAreas 方法的调用，这个调用会去逐一调用应用中所有区域注册类的 RegisterArea() 方法，以完成对所有区域的路由注册。

2. 区域路由冲突

如果有两个相同名称的控制器 ArticleController，其中一个在区域中，另一个在根目录中，那么当传入 http://localhost:xxxx/Article 的请求时，系统会抛出一个异常，并给出一个冗长的错误提示消息：

"/"应用程序中的服务器错误。

找到多个与名为"Article"的控制器匹配的类型。如果为此请求（"{controller}/{action}/{id}"）提供服务的路由在搜索匹配此请求的控制器时没有指定命名空间，则会发生此情况。如果是这样，请通过调用含有"namespaces"参数的"MapRoute"方法的重载来注册此路由。

"Article"请求找到下列匹配的控制器：
VBlog.Controllers.ArticleController
VBlog.Areas.admin.Controllers.ArticleController

当使用"添加区域"对话框添加区域时，框架会相应地在该区域的名称空间中为添加的新区域注册一个路由。这样就保证只有新区域中的控制器才能匹配新路由。

名称空间可以缩小匹配路由时控制器的候选集。如果路由指定了匹配的名称空间，那么只有在这个名称空间中的控制器才能有可能与该路由匹配。相反，如果路由没有指定名称空间，那么程序中的所有控制器都有可能与该路由匹配。

在路由没有指定名称空间的情况下，很容易导致二义性，即两个具有相同名称的控制器同时匹配一个路由。

阻止该异常的一种方法是，在整个项目中用唯一的控制器名称。然而，可能有时候想使用相同的控制器名称，在这种情况下，可以在注册路由时指定一组用来定位控制器的名称空间，演示代码如下：

```
routes.MapRoute(
  "Default",                        // 路由名称
  "{controller}/{action}/{id}",     // 带有参数的 URL
  new { controller = "Article", action = "Index", id = UrlParameter.Optional },
                                                                        // 参数默认值
  new String[]{"VBlog.Controllers"}
);
```

上述代码是 Global.asax 文件中的注册路由的代码，注意黑体字部门的代码，它将路由限定在 VBlog.Controllers 名称空间中，即只有该名称空间中的控制器才会匹配"{controller}/{action}/{id}"的URL模式。

3. Areas 之间的调用

ASP.NET MVC 中，经常需要在控制层的不同方法之间进行互相调用。如果没特别指定，则默认为同一个 area 中的 action 方法和控制器之间的调用。如果需要在不同的 area 之间进行互相调用，可以使用如下方法：

```
@Html.ActionLink("管理", "index", "Article", new { area = "admin" },null)
@Html.ActionLink("主页", "index", "Article", new { area = "" },null)
```

上面的第 1 行代码使用了 ActionLink()方法产生链接，注意，其中的第 4 个参数，使用 new {area = "admin"}这样形式的参数，指出调用的是 admin 区域中 Article 控制器的 index 操作方法。

上面的第 2 行代码的第 4 个参数，使用 new {area = ""}这样形式的参数，指出调用的

是根目录中 Article 控制器的 index 操作方法。

任务十二　实现分类管理

任务实施

添加含读/写操作和视图的文章分类管理控制器

在 admin 区域的 Controllers 目录下添加 CategoryController 控制器类，对 CategoryController.cs 文件进行修改，修改后的代码如代码清单 5.37 所示。

代码清单 5.37

```csharp
using System;
using System.Collections.Generic;
using System.Data;
using System.Data.Entity;
using System.Linq;
using System.Web;
using System.Web.Mvc;
using VBlog.Models;

namespace VBlog.Areas.admin.Controllers
{
    public class CategoryController : Controller
    {
        private VBlogDBContext db = new VBlogDBContext();

        //
        // GET: /admin/Category/

        public ViewResult Index()
        {
            return View(db.Categories.ToList());
        }

        //
        // GET: /admin/Category/Create

        public ActionResult Create()
        {
            return View();
        }

        //
        // POST: /admin/Category/Create

        [HttpPost]
        public ActionResult Create(Category category)
        {
            if (ModelState.IsValid)
            {
                db.Categories.Add(category);
                db.SaveChanges();
                return RedirectToAction("Index");
            }

            return View(category);
        }

        //
        // GET: /admin/Category/Edit/5

        public ActionResult Edit(int id)
        {
            Category category = db.Categories.Find(id);
            if (category == null)
                return HttpNotFound();
            return View(category);
        }
```

```
58      //
59      // POST: /admin/Category/Edit/5
60
61      [HttpPost]
62      public ActionResult Edit(Category category)
63      {
64          if (ModelState.IsValid)
65          {
66              db.Entry(category).State = EntityState.Modified;
67              db.SaveChanges();
68              return RedirectToAction("Index");
69          }
70          return View(category);
71      }
72
73      //
74      // GET: /admin/Category/Delete/5
75
76      public ActionResult Delete(int id)
77      {
78          Category category = db.Categories.Find(id);
79          if (category == null)
80              return HttpNotFound();
81          return View(category);
82      }
83
84      //
85      // POST: /admin/Category/Delete/5
86
87      [HttpPost, ActionName("Delete")]
88      public ActionResult DeleteConfirmed(int id)
89      {
90          Category category = db.Categories.Find(id);
91          db.Categories.Remove(category);
92          db.SaveChanges();
93          return RedirectToAction("Index");
94      }
95
96      protected override void Dispose(bool disposing)
97      {
98          db.Dispose();
99          base.Dispose(disposing);
100     }
101 }
```

对~/Areas/admin/Views/Category/Index.cshtml 视图文件进行适当修改,修改后的完整代码如代码清单 5.38 所示。

代码清单 5.38

```
1  @model IEnumerable<VBlog.Models.Category>
2
3  @{
4      ViewBag.Title = "分类列表";
5  }
6
7  <p>
8      @Html.ActionLink("新建分类", "Create")
9  </p>
10 <table>
11     <tr>
12         <th>分类名称</th>
13         <th></th>
14     </tr>
15
16 @foreach (var item in Model) {
17     <tr>
18         <td>
19             @Html.DisplayFor(modelItem => item.Name)
20         </td>
```

```
21          <td>
22              @Html.ActionLink("编辑", "Edit", new { id=item.ID }) |
23              @Html.ActionLink("删除", "Delete", new { id=item.ID })
24          </td>
25      </tr>
26  }
27
28  </table>
```

对~/Areas/admin/Views/Category/Create.cshtml 视图文件进行适当修改,修改后的完整代码如代码清单 5.39 所示。

代码清单 5.39

```
1   @model VBlog.Models.Category
2
3   @{
4       ViewBag.Title = "新建分类";
5   }
6
7   <script src="@Url.Content("~/Scripts/jquery.validate.min.js")"
8           type="text/javascript">
9   </script>
10  <script src="@Url.Content("~/Scripts/jquery.validate.unobtrusive.min.js")"
11          type="text/javascript">
12  </script>
13
14  @using (Html.BeginForm()) {
15      @Html.ValidationSummary(true)
16      <fieldset>
17          <legend>新建分类</legend>
18
19          <div class="editor-label">
20              分类名称
21          </div>
22          <div class="editor-field">
23              @Html.EditorFor(model => model.Name)
24              @Html.ValidationMessageFor(model => model.Name)
25          </div>
26
27          <p>
28              <input type="submit" value="保存" />
29          </p>
30      </fieldset>
31  }
32
33  <div>
34      @Html.ActionLink("返回列表", "Index")
35  </div>
```

对~/Areas/admin/Views/Category/Delete.cshtml 视图文件进行适当修改,修改后的完整代码如代码清单 5.40 所示。

代码清单 5.40

```
1   @model VBlog.Models.Category
2
3   @{
4       ViewBag.Title = "删除分类确认";
5   }
6
7   <h3 style="color:red">你确定要删除该分类吗? </h3>
8   <fieldset>
9       <legend>分类信息</legend>
10
11      <div class="display-label">分类名称</div>
12      <div class="display-field">
13          @Html.DisplayFor(model => model.Name)
14      </div>
```

```
15      </fieldset>
16      @using (Html.BeginForm()) {
17          <p>
18              <input type="submit" value="删除" /> |
19              @Html.ActionLink("返回类表", "Index")
20          </p>
21      }
```

对~/Areas/admin/Views/Category/Edit.cshtml 视图文件进行适当修改,修改后的完整代码如代码清单5.41所示。

代码清单5.41

```
1   @model VBlog.Models.Category
2
3   @{
4       ViewBag.Title = "编辑分类";
5   }
6
7   <script src="@Url.Content("~/Scripts/jquery.validate.min.js")"
8           type="text/javascript">
9   </script>
10  <script src="@Url.Content("~/Scripts/jquery.validate.unobtrusive.min.js")"
11          type="text/javascript">
12  </script>
13
14  @using (Html.BeginForm()) {
15      @Html.ValidationSummary(true)
16      <fieldset>
17          <legend>编辑分类</legend>
18
19          @Html.HiddenFor(model => model.ID)
20
21          <div class="editor-label">
22              分类名称
23          </div>
24          <div class="editor-field">
25              @Html.EditorFor(model => model.Name)
26              @Html.ValidationMessageFor(model => model.Name)
27          </div>
28
29          <p>
30              <input type="submit" value="保存" />
31          </p>
32      </fieldset>
33  }
34
35  <div>
36      @Html.ActionLink("返回列表", "Index")
37  </div>
```

任务十三　实现留言管理

任务实施

在 admin 区域的 Controllers 目录下添加 GuestBookController 控制器类,对 GuestBookController.cs 文件进行修改,修改后的代码如代码清单5.42所示。

代码清单 5.42

```csharp
using System;
using System.Collections.Generic;
using System.Data;
using System.Data.Entity;
using System.Linq;
using System.Web;
using System.Web.Mvc;
using VBlog.Models;
using Webdiyer.WebControls.Mvc;

namespace VBlog.Areas.admin.Controllers
{
    public class GuestBookController : Controller
    {
        private VBlogDBContext db = new VBlogDBContext();
        private int pageSize = 10;

        //
        // GET: /admin/GuestBook/

        public ViewResult Index(int? pageIndex)
        {
            PagedList<GuestBook> pl = new PagedList<GuestBook>(db.GuestBooks.ToList(),
                                                               pageIndex ?? 1, pageSize);
            return View(pl);
        }

        //
        // GET: /admin/GuestBook/Details/5

        public ActionResult Details(int id)
        {
            GuestBook guestbook = db.GuestBooks.Find(id);
            if (guestbook == null)
                return HttpNotFound();
            return View(guestbook);
        }

        //
        // GET: /admin/GuestBook/Edit/5

        public ActionResult Edit(int id)
        {
            GuestBook guestbook = db.GuestBooks.Find(id);
            if (guestbook == null)
                return HttpNotFound();
            return View(guestbook);
        }

        //
        // POST: /admin/GuestBook/Edit/5

        [HttpPost]
        public ActionResult Edit(GuestBook guestbook)
        {
            if (ModelState.IsValid)
            {
                db.Entry(guestbook).State = EntityState.Modified;
                db.SaveChanges();
                return RedirectToAction("Index");
            }
            return View(guestbook);
        }

        //
        // GET: /admin/GuestBook/Delete/5

        public ActionResult Delete(int id)
        {
            GuestBook guestbook = db.GuestBooks.Find(id);
            if (guestbook == null)
                return HttpNotFound();
            return View(guestbook);
```

```
74          }
75
76          //
77          // POST: /admin/GuestBook/Delete/5
78
79          [HttpPost, ActionName("Delete")]
80          public ActionResult DeleteConfirmed(int id)
81          {
82              GuestBook guestbook = db.GuestBooks.Find(id);
83              db.GuestBooks.Remove(guestbook);
84              db.SaveChanges();
85              return RedirectToAction("Index");
86          }
87
88          protected override void Dispose(bool disposing)
89          {
90              db.Dispose();
91              base.Dispose(disposing);
92          }
93      }
94  }
```

对~/Areas/admin/Views/GuestBook/Index.cshtml 视图文件进行适当修改,修改后的完整代码如代码清单 5.43 所示。

代码清单 5.43

```
1   @using Webdiyer.WebControls.Mvc
2   @using VBlog.Helpers;
3   @model PagedList<VBlog.Models.GuestBook>
4
5   @{
6       ViewBag.Title = "留言列表";
7   }
8
9   <h2>留言列表</h2>
10
11  <table>
12      <tr>
13          <th>昵称</th>
14          <th>留言</th>
15          <th>日期</th>
16          <th>回复</th>
17          <th></th>
18      </tr>
19
20  @foreach (var item in Model) {
21      <tr>
22          <td>
23              @Html.DisplayFor(modelItem => item.Nickname)
24          </td>
25          <td>
26              @Html.DisplayFor(modelItem => item.Message).ToString().Truncate(20)
27          </td>
28          <td>
29              @Html.DisplayFor(modelItem => item.AddDate)
30          </td>
31          <td>
32              @Html.DisplayFor(modelItem => item.Reply)
33          </td>
34          <td>
35              @Html.ActionLink("回复", "Edit", new { id=item.ID }) |
36              @Html.ActionLink("查看", "Details", new { id=item.ID }) |
37              @Html.ActionLink("删除", "Delete", new { id=item.ID })
38          </td>
39      </tr>
40  }
41
42  </table>
43  @Html.Pager(Model)
```

对~/Areas/admin/Views/GuestBook/Details.cshtml 视图文件进行适当修改，修改后的完整代码如代码清单 5.44 所示。

代码清单 5.44

```
1   @model VBlog.Models.GuestBook
2
3   @{
4       ViewBag.Title = "留言详情";
5   }
6
7   <fieldset>
8       <legend>留言详情</legend>
9
10      <div class="display-label">昵称</div>
11      <div class="display-field">
12          @Html.DisplayFor(model => model.Nickname)
13      </div>
14
15      <div class="display-label">留言内容</div>
16      <div class="display-field">
17          @Html.DisplayFor(model => model.Message)
18      </div>
19
20      <div class="display-label">日期</div>
21      <div class="display-field">
22          @Html.DisplayFor(model => model.AddDate)
23      </div>
24
25      <div class="display-label">回复</div>
26      <div class="display-field">
27          @Html.DisplayFor(model => model.Reply)
28      </div>
29  </fieldset>
30  <p>
31      @Html.ActionLink("回复", "Edit", new { id=Model.ID }) |
32      @Html.ActionLink("返回列表", "Index")
33  </p>
```

对~/Areas/admin/Views/GuestBook/Edit.cshtml 视图文件进行适当修改，修改后的完整代码如代码清单 5.45 所示。

代码清单 5.45

```
1   @model VBlog.Models.GuestBook
2
3   @{
4       ViewBag.Title = "留言回复";
5   }
6
7   <script src="@Url.Content("~/Scripts/jquery.validate.min.js")"
8           type="text/javascript">
9   </script>
10  <script src="@Url.Content("~/Scripts/jquery.validate.unobtrusive.min.js")"
11          type="text/javascript">
12  </script>
13
14  @using (Html.BeginForm()) {
15      @Html.ValidationSummary(true)
16      <fieldset>
17          <legend>留言信息</legend>
18
19          @Html.HiddenFor(model => model.ID)
20
21          <div class="editor-label">
22              昵称
23          </div>
24          <div class="editor-field">
25              @Html.TextBoxFor(model => model.Nickname,
```

```
26              new {@readonly="readonly",@class="text-box single-line"})
27           @Html.ValidationMessageFor(model => model.Nickname)
28        </div>
29
30        <div class="editor-label">
31            留言内容
32        </div>
33        <div class="editor-field">
34            @Html.TextAreaFor(model => model.Message, 5, 50,
35                new { @readonly = "readonly" })
36            @Html.ValidationMessageFor(model => model.Message)
37        </div>
38
39        <div class="editor-label">
40            日期
41        </div>
42        <div class="editor-field">
43            @Html.TextBoxFor(model => model.AddDate,
44                new {@readonly="readonly",@class="text-box single-line"})
45            @Html.ValidationMessageFor(model => model.AddDate)
46        </div>
47
48        <div class="editor-label">
49            回复
50        </div>
51        <div class="editor-field">
52            @Html.TextAreaFor(model => model.Reply, 5, 50, new { })
53            @Html.ValidationMessageFor(model => model.Reply)
54        </div>
55
56        <p>
57            <input type="submit" value="保存" />
58        </p>
59    </fieldset>
60  }
61
62  <div>
63      @Html.ActionLink("返回列表", "Index")
64  </div>
```

对~/Areas/admin/Views/GuestBook/Delete.cshtml 视图文件进行适当修改,修改后的完整代码如代码清单 5.46 所示。

代码清单 5.46

```
1   @model VBlog.Models.GuestBook
2
3   @{
4       ViewBag.Title = "删除留言确认";
5   }
6
7   <h3 style="color:Red">你确定要删除该留言吗?</h3>
8   <fieldset>
9       <legend>留言信息</legend>
10
11      <div class="display-label">昵称</div>
12      <div class="display-field">
13          @Html.DisplayFor(model => model.Nickname)
14      </div>
15
16      <div class="display-label">留言内容</div>
17      <div class="display-field">
18          @Html.DisplayFor(model => model.Message)
19      </div>
20
21      <div class="display-label">日期</div>
22      <div class="display-field">
23          @Html.DisplayFor(model => model.AddDate)
24      </div>
```

```
25
26          <div class="display-label">回复</div>
27          <div class="display-field">
28              @Html.DisplayFor(model => model.Reply)
29          </div>
30      </fieldset>
31      @using (Html.BeginForm()) {
32          <p>
33              <input type="submit" value="删除" /> |
34              @Html.ActionLink("返回列表", "Index")
35          </p>
36      }
```

任务十四　实现权限管理

任务实施

1. 配置成员资格数据库

参考上一个项目的内容执行以下步骤进行成员资格数据库的配置：

◇ 打开项目的 ASP.NET 配置站点,启用角色；

◇ 添加名为 BlogOwner(博主)的角色；

◇ 添加名为 admin 的活动用户,密码为 123456,并将 admin 用户加入到 BlogOwner 角色中。

2. 修改 _LogOnPartial.cshtml

修改~/Views/Shared/_LogOnPartial.cshtml 分部视图文件,代码如代码清单 5.47 所示。

代码清单 5.47

```
1  @if(Request.IsAuthenticated) {
2      <text>欢迎 <strong>@User.Identity.Name</strong>!
3      [ @Html.ActionLink("注销", "LogOff", "Account", new { area = "" }, null) ]</text>
4  }
5  else {
6      @:[ @Html.ActionLink("登录", "LogOn", "Account", new { area = "" }, null) ]
7  }
```

3. 修改 Logon 操作

修改 AccountController 控制器的 LogOn 操作方法,代码如代码清单 5.48 所示。

代码清单 5.48

```
26  [HttpPost]
27  public ActionResult LogOn(LogOnModel model, string returnUrl)
28  {
29      if (ModelState.IsValid)
30      {
31          if (Membership.ValidateUser(model.UserName, model.Password))
32          {
33              FormsAuthentication.SetAuthCookie(model.UserName, model.RememberMe);
34              if (Url.IsLocalUrl(returnUrl) && returnUrl.Length > 1
```

```
35                    && returnUrl.StartsWith("/")
36                    && !returnUrl.StartsWith("//") && !returnUrl.StartsWith("/\\"))
37                {
38                    return Redirect(returnUrl);
39                }
40                else
41                {
42                    return RedirectToAction("Index", "article", new {area="admin" });
43                }
44            }
45            else
46            {
47                ModelState.AddModelError("", "提供的用户名或密码不正确。");
48            }
49        }
50
51        // 如果进行到这一步时某个地方出错，则重新显示表单
52        return View(model);
53    }
```

4. 应用访问控制特性

对 admin 区域中的所有控制器类应用 AuthorizeAttribute 属性类，示例代码如代码清单 5.49 所示。

代码清单 5.49

```
13    [Authorize(Roles="BlogOwner")]
14    public class ArticleController : Controller
15    {
16        ...
17    }
```

代码分析

第 13 行代码表示对 ArticleController 控制器类中所有操作方法的访问都需要进行身份认证，且用户必须拥有 BlogOwner 角色。

参 考 文 献

[1] Jon Galloway,Phil Haack,Brad Wilson,等.ASP.NET MVC3 高级编程[M].北京:清华大学出版社,2012.
[2] Mike Cohn.用户故事与敏捷方法[M].北京:清华大学出版社,2010.
[3] 马伟.ASP.NET 4 权威指南[M].北京:机械工业出版社,2011.
[4] Ed Blankenship,Martin Woodward,Grant Holliday,等.Team Foundation Server 2010 高级教程[M].北京:清华大学出版社,2013.
[5] Mickey Gousset,Brian Keller.Visual Studio 2010 软件生命周期管理高级教程[M].北京:清华大学出版社,2011.

图书资源支持

感谢您一直以来对清华版图书的支持和爱护。为了配合本书的使用，本书提供配套的资源，有需求的读者请扫描下方的"书圈"微信公众号二维码，在图书专区下载，也可以拨打电话或发送电子邮件咨询。

如果您在使用本书的过程中遇到了什么问题，或者有相关图书出版计划，也请您发邮件告诉我们，以便我们更好地为您服务。

我们的联系方式：

地　　址：北京海淀区双清路学研大厦 A 座 707

邮　　编：100084

电　　话：010－62770175－4604

资源下载：http://www.tup.com.cn

电子邮件：weijj@tup.tsinghua.edu.cn

QQ：883604(请写明您的单位和姓名)

用微信扫一扫右边的二维码，即可关注清华大学出版社公众号"书圈"。

资源下载、样书申请

书　圈